貓頭鷹書房

有些書套著嚴肅的學術外衣，但內容平易近人，非常好讀；有些書討論近乎冷僻的主題，其實意蘊深遠，充滿閱讀的樂趣；還有些書大家時時掛在嘴邊，但我們卻從未看過……

如果沒有人推薦、提醒、出版，這些散發著智慧光芒的傑作，就會在我們的生命中錯失——因此我們有了**貓頭鷹書房**，作爲這些書安身立命的家，也作爲我們智性活動的主題樂園。

貓頭鷹書房——智者在此垂釣

貓頭鷹書房 215

薛丁格生命物理學講義

生命是什麼？

What is Life?

With Mind and Matter And Autobiographical Sketches

薛丁格◎著

仇萬煜、左蘭芬◎譯

貓頭鷹

生命是什麼？

■二〇一六年最新版導讀

楊啟伸

如果你現在拿起此書，想著這本「生命是什麼？」到底會講些什麼？能給我啟發什麼？那這篇導讀，就是要你在幾分鐘之內，知道這本書的內容精髓。於是，不論你最終是否決定擁有這本書，你都會像是已經擁有「它」，或至少認識了「它」。

直接了當地說：如果說，物質組成的原理是「化學」，物質運作的規則和描述則是「物理」的範疇，薛丁格在本書試圖用物理和化學的基本知識，來了解和說明生命的現象。但他遇到了困難：生命既不是純化學化合物的組合，也有很多行為不符合物理原則！

因此，對於生命體，在第一章，針對「化學」觀點方面，薛丁格首先認為，生命，仍是以原子為基礎組成，有排列次序的巨大有機體，而這有機體的運作規則和描述，可用組成原子接近統計的整體行為來看。

生命為何要先組合成巨大有機體，小原子或分子當生命有何不可？薛丁格認為，因為物體要大到一定程度，才能有精確的行為。小分子的運動，除了自己的動能外，還有環境的隨機力量推著，如布朗運動和擴散。如果生命不是大到可使其他運動力量足以被忽略的程度，那麼，當我問你要去哪裡時，你可能會跟我說：「我會試著去對街的超商，但我不確定我能不能走到！因為其他力量也會參與影響我往那個方向走。我可能被『推』或『擴散』到光華商場去！」。

薛丁格更進一步，對大有機體的集體行為和統計的關係，說明對「集體數目」開根號的值，就是和環境交互作用準確性「誤差值」的估計：大數目之下的誤差反而小。以量子力學的觀點換言之，我們必須「不能」長得和小原子一般尺寸，才得以控制巨觀行為。不僅如此，巨大有機體也因能準確控制行為，才能從事各種原本小分子不能做的事；而且所做的事，不一定和小分子本身有相關。如大腦是由無數原子所組成，但卻不是用來記錄單個原子事件。

作者在建立了生命是由原子尺寸的小分子所結合，成為具有行為準確性的巨大有機體後，想要找說明的例子。他似乎是受原本開布染坊，後來也研究植物的父親影響或啟發，決定用當時以植物為主的遺傳學成果為例，把基因設想為：比原子大，但卻有準確控制行為的作用單位。他準確（或賣弄）地，以人有23對、46個染色體為例，說明人類基因來自父和母減數分裂後，以各23個染色體配對。之後，同一個表現型，是由父與母各自帶著的染色體上，具有顯性或隱性之基因配對後，決定最終是顯性或隱性。他由數學機率和表現型之配合，說明基因運作原則，並提出遺傳分子雖小但穩定，以及其可能的大小尺寸。作者指出當達林頓以染色體上的橫紋（當成是一個基因）和染色體大小相除，得到基因大小是30奈米，並由此推算基因大小只是 100~150 個原子；雖小，但卻有不可思議的穩定性。

接著，作者以「突變」這個基因看得見的行為，說明基因的變化是不連續的，且是以在定點為單位地發生。作者為何要提基因運作、突變這些事呢？其實這是先設好舞台，為了要說明二件事：基因尺寸小而穩定，以及古典物理無法說明基因這種小尺寸分子穩定的原因，但量子力學可以！因為量子力學有能階（離散，非連續）的概念，可以能階差和溫度會影響穩定性兩個概念解釋基因特性。但作者也迅速地以生命化學分子有同分異構物，以及能階間的轉換有時不只需要熱能，也要能越過比變化前後兩態能量都要高的活化能門檻（或閾值）這二個觀念，做為二個修正之後，才能明確說明生命分子的穩定性（如基因突變後，仍然是穩定的）。換言之，不會隨便出門曬曬太陽，我們就變了模樣！

基於以上的論述，薛丁格為量子力學之所以能解釋生命，做了幾個總結式的描述。他提到，其實生命分子較類似非完美、但有週期性的晶體和固體，而非液、氣體；而且各式排列整齊且有同分異構物的分子，不需很多的數量，就可排列出數量甚大的組合（基因）。

猶有進者，作者對生命如何維持運作秩序、逃避直接衰退，提出了頗具爭議的「負熵」概念。大致上，熵可以用「多麼不能作功的程度」的方式來瞭解；熵越大，這個狀態越不能做功。也因此，生命結束時的熵是甚大的！熵之計算，是若吾人在絕對溫度T提供熱量Q（卡路里）來把一個狀態改變到另一個狀態時，此時的 Q/T 值；所以單位是 cal/度。作者解釋，生物是用吃、喝和呼吸當材料進行新陳代謝，以獲得「負熵」！但如何得到數學式上的負值呢？若對大於0，小於1的值取對數，會得到負值；於是如果用D代表一個系統是「多麼沒有秩序」的數值，那麼，D的倒數，1/D，就是「多麼有秩序」的程度。於是負熵，就以k log(1/D)來代表。其中k是波茲曼常數3.2983×10^{-24} cal/°C。

最後，作者以產生有序的兩種方式來說明他的內心OS：一個是統計型機制，用以描述由「無序產生有序」；另一種是動力型機制，用以描述「由有序產生有序」。前者為一般物理學家經常研究的；後者則較接近生命運作的實況。但兩者是一體兩面，互不衝突。事實上由研究生命的有機機械結構如何運作時，會產生新的物理原理，研究和解釋這些新的物理原理，終究能以統計型所得到的原則來解釋。

最新的生命科學上，已把蛋白質的結構以原子解析度解出，並用其來解釋本書所描述的所有生命現象。作者出版此文，是一九四四年。有趣的，是該年同時也是學者第一次證明和發表DNA這個分子是引起肺炎球菌轉變的原因！另外，大分子具有粒子和波的雙重性，也在近年被發表。大分子具有波的性質，代表同一個時間，大分子可以在一個或一個以上的地方被發現（有干涉和繞射的現象）。

本書作者本身，和書中所提的一些科學家的先見，完全令人讚嘆！以今日生命科學和物理、化學來評斷書中內容的對錯，固有其意義，但若以「參話頭」的精神來看這本小而影響深遠的鉅作，吾人體受到的，是融合兩個或兩個以上的學科，細思其共同性的領悟模式，是從事科學研究和學習，永久都不會過時的模式。如果你決定閱讀這本書，請細細去品味薛丁格的熱情、用心、和試圖融會貫通的美麗心靈。是的，it's a beauty!

楊啟伸 國立台灣大學生化科技學系副教授

■中文版序

爲什麼是薛丁格？

高涌泉

奧地利量子物理學家薛丁格（Erwin Schrödinger, 1887-1961）在一九四四年發表這本小書《薛丁格生命物理學講義：生命是什麼？》（以下簡稱《生命是什麼？》）時，剛好是二十世紀顯學之一分子生物學起步的時候，不少重量級的分子生物學者都曾表示他們受薛丁格這本書影響很深。例如發現ＤＮＡ結構的華生（J. Watson）和克里克（F. Crick）皆曾說過，透過這本書他們才體認到，探索基因的結構雙螺旋鏈不但會很有趣，而且非常重要。另一位生物學家古爾德（S. J. Gould）也說，毫無疑問地，《生命是什麼？》是二十世紀生物領域最重要的書籍之一。爲什麼物理學家能夠寫出生物學的經典名著呢？爲什麼是薛丁格呢？如果不是薛丁格，其他物理學家做得到嗎？透過對這些問題的思索，我們可以更深刻地理解《生命是什麼？》這本書的意義。首先我們得先多了解一下薛丁格在物理學的貢獻。

知名的英國科學雜誌《物理世界》（*Physics World*），在一九九九年十二月號千禧年特刊按照對人類科學的貢獻，作了一份物理學家排行榜。它是由全球一百三十多位有代表性的物理學家，每人票選五位，統計出來的。月刊編輯強調，他們沒有在問卷中明示要從哪一個年代中選取，所以我們其實可以在最有貢獻的物理學家之前加上「有史以來」四個字。薛丁格在這名單中排名第八。在他前面依序是大家熟知的愛因斯坦，牛頓，馬克士威（J. C. Maxwell），玻耳（N. Bohr），海森堡（W. Heisenberg），伽利略，以及費曼（R. Feynman）。狄拉克（P. A. M. Dirac）與薛丁格同票數，並列第八。這種排名的遊戲相當主觀，名次不重要，因爲上榜的學者早已是眾所公認的物理界巨擘。薛丁格能躋身愛因斯坦與牛頓之列，是因爲他創建了波動力學。他和建立矩陣力學的海森堡共享發現量子力學的榮耀。量子力學的重要性何在？依狄拉克的說法，量子力學出現之後，「所有的化學和大部分物理之數學理論背後所需的原理已經完全清楚了」。

量子力學其實有多種數學表現形式，各有所長。但在處理原子分子的問題上，一般公認薛丁格在一九二六年寫下的波動方程式是最佳理論工具。每一位想要了解微觀世界的學生，都得熟悉薛丁格方程式。薛丁格就因爲他的方程式得以永垂不朽。具體來說，薛丁格方程式是一個微分方程式。從這個微分方程式我們可以解出一個波函數，用來描述電子的量子行爲。所以薛丁格方程式彷彿是一把萬能鑰匙，幫我們精確地掌握原子分子中電子的行爲。

我在前頭一一列出物理偉人的名字，有個用意，那就是指出薛丁格與他們有所不同：他是唯一過了三十五歲才有重要成就的學者。其他人都在二十來歲就已鋒芒畢露。以同樣因量子力學而入榜的海森堡和狄拉克來說，他們的成名作在二十四歲以前就已完成，而薛丁格在一九二六年已經三十八歲了。他那時雖已是蘇黎士大學教授，但尚未有任何驚世之作。所以難免有些人會認爲薛丁格只是應運而起，不像其他人有過人的天才，能夠創造時勢。這樣的想法太過膚淺，低估了「天才」這個概念的複雜性。其實眞正的高手對薛丁格的評價是很高的。有人曾向狄拉克問起對薛丁格的看法，狄拉克回答：「我會把他緊排在海森堡之後，不過從某方面講，薛丁格的腦力還要勝過海森堡，因爲海森堡有實驗數據的幫助，而薛丁格只能靠他的頭腦。」

薛丁格眞正特殊之處在於，他的不朽之作係創作在學問見識已臻成熟之後。所以他的文章有一種完整風格，不像一般有開創性的物理文章，難免有些許疏漏或錯誤。薛丁格學養的深度與廣度，在一流物理學家之中是少見的。比方說，他非常熟悉哲學家叔本華（Schopenhauer）的作品，一度曾想全力投入哲學領域。他也研讀過達爾文的《物種原始》一書，薛丁格在自傳中稱自己是達爾文的熱烈追隨者。薛丁格的父親雅好植物學，而且他大學時期唯一的好友主修植物學，薛丁格因受他們影響而對生物學有深入的了解。其實當時因爲宗教理由，達爾文的進化論還被排除在生物課之外。所以薛丁格能深刻地理解達爾文，在物理學家中固然少見，恐怕也不是每一位生物學家都具備的。

一九四三年二月，二次世界大戰仍酣，當時五十五歲的薛丁格在都柏林的三一學院給了一系列通俗科學演講。薛丁格時任愛爾蘭都柏林高等研究所理論物理教授。他是因爲逃避納粹政權，才在一九三九年接受邀請至都柏林上任。演講後第二年，劍橋大學出版社把薛丁格的演講內容

《生命是什麼？》發行出書。薛丁格這一系列演講的重點在於論述在當時仍然非常神祕的基因，其實是一種「非週期性晶體」（aperiodic crystal）。用大家比較熟悉的名詞來說，就是一種由多個原子組成的分子。他先說明細胞核中的染色體經由有絲分裂與減數分裂，主宰生物成長與遺傳。因爲成長和遺傳有很高的規律性，就好像照著劇本在演出，我們可以假設染色體帶有一種稱爲基因的物質，生命的劇本就銘刻其上。當時，有篇德布呂克（M. Delbruck）、鐵莫菲耶夫（N. W. Timoféëff）與齊默爾（K. G. Zimmer）三人所寫的研究論文，說明從X光如何影響基因突變的實驗推知，基因所含原子數目並不多，僅約上千個原子而已。如果攜帶遺傳密碼的基因只有上千個原子，則根據古典統計力學，在熱擾動的影響下，基因不可能是穩定的，這樣一來就不能夠解釋有高度穩定性的遺傳機制；除非，基因中的原子能藉由化學鍵而形成分子。化學家早就提出化學鍵的觀念，而且廣泛使用。但是化學鍵理論要在量子力學出現之後才有完備的基礎。

由薛丁格方程式推導出化學鍵理論的是兩位物理學家海特勒（W. Heitler）與倫敦（F. London）。薛丁格在書中多次強調，分子的穩定性只有在量子力學架構中才有圓滿的解答。薛丁格在書中用了「非週期性晶體」一詞來描述基因，是因爲在晶體中把原子結合在一起的力量與化學鍵，從量子力學的角度看，並沒有本質上的不同。所以他才把分子及固體與晶體都對等在一起。因爲遺傳機制的穩定性奠基於分子的穩定性上，所以薛丁格的主要結論就是，要了解基因的物質基礎，不能沒有量子物理。當然，薛丁格留下一個大問題，那就是：基因的具體分子結構爲何？許多年輕人因此而受到啓發，投入分子生物學研究。

從歷史的角度來看，我們可以說，《生命是什麼？》在一個絕佳的時機宣告了一個新時代的來臨。也就是說，想要深入了解生命現象之物質基礎的時機已然成熟。《生命是什麼？》不是長篇巨著，裡頭談到的生物學，以及基因的相關知識，也非薛丁格自己的創見。但是薛丁格掌握了問題的關鍵，深入淺出又扼要地引導讀者到達知識的前沿，沒有深厚的學術功力是做不到的。所以《生命是什麼？》成爲二十世紀科普經典之一，實在當之無愧。

我們不要忘記，《生命是什麼？》是一本出版在五十六年前的老書，裡面的許多觀念現在多已非常細膩地被進一步闡述和釐清。在本書中第一部〈生命是什麼？〉第六章「有序、無序和熵」提到有機體倚賴負熵（feed on negative entropy）來維持生命狀態，名化學家鮑林（L. Pauling）和裴魯茲（M. Perutz）就抱怨這樣的講法太過簡略，無法令人滿意。所以讀者在閱讀這一章時，要了解薛丁格在這此的解說是比較弱的。

回到爲什麼是薛丁格這個問題，我認爲答案有兩個。一是薛丁格的興趣廣泛，學養淵博，又有前瞻的眼光，所以能跨越學科間的障礙，敏銳地宣告學科統合的時代已經來臨。像薛丁格這樣眞正的通才，不論是當時或現在，都很少見。因此我們可以說，這種大格局的演講，除了薛丁格，其他人是給不出來的。第二個原因是，量子力學在解釋生命現象上不可或缺，而薛丁格自己是量子力學創建者之一，所以我相信薛丁格在說明海特勒和倫敦的化學鍵理論有何重要時，一定有種不可言喻的驕傲與滿足感。因此，薛丁格比其他任何物理學家更有資格來談「生命是什麼」這個題目。

都柏林三一學院在一九九三年九月辦了一場研討會，慶祝「生命是什麼？」系列演講五十週年。多位知名的學者從各自的專業領域，嘗試以薛丁格原來的演講風格，展望生物學未來五十年的遠景。當然也有一些人選擇回顧《生命是什麼？》在歷史上的意義。其中古生物學家古爾德在承認這本書的重大影響力之餘，也批評薛丁格窄化了「生命是什麼」這個命題的意義。他認為，我們在討論生命時，不應自限於生命現象的物理或化學機制。我們能徹底了解基因當然是非常重要的成就。但不應忘記，生命是由演化而來，而演化過程多半是偶然而非必然，演化的結果往往是不可預測的。古爾德認為，「生命是什麼」其實也是個歷史問題。光從普適的物理定律去看待生命現象，不可能看清楚生命的全貌。我想薛丁格如果今天還健在，他也會同情古爾德的抱怨。不過我也相信薛丁格無意引導讀者接受狹隘的化約觀點。我們只能說他用了一個太有吸引力卻很難面面俱到的題目。所以在未來，我們還要以更開闊的視野來繼續探究薛丁格在半世紀前沒有圓滿完整回答的問題。

高涌泉

國立台灣大學物理系教授。

審訂序

李精益

余自癸酉春返台後，遽遇屯邅。然本「君子固窮」之義，龍潛七載（《易・乾卦》君子比德於龍），今夏方得一枝棲。數年來曾翻譯審訂數書，因顯見之理，出版社未嘗要求作序，余亦甘之以自晦。今則主動提出，誠有不得不言者也。

四月末，余因事訪台大物理系高涌泉教授，彼云：「貓頭鷹將出版《生命是什麼？》，並預定與你先前審訂的《原子中的幽靈》於五月下旬一起上市。」余聞之即感若匆促行之，甚可能又為可敬復可憐之台灣讀者添一不足與原書相稱之世界名作翻譯本，遂請高公以其身分促出版社對此書務必謹慎將事，並力薦王道還先生擔此重任，彼欣然應允。數日後高公告予：「貓頭鷹已接受我們的建議」，余因另有業務，遂未再過問此事。七月廿一日，高公謂王公因故尚未著手，汝其有意乎？余衡諸當時整體情勢，經週末長考後遂答應一試。唯數日後即深感此事之不易，去電王公，告其有意放棄；彼聞之但云：「天下甚少容易事，你盡力做，我與高公將提供必要協助。」余遂勉強而為之。

此時余已應文藻聘，正埋首處理南下所涉事宜，兼以開學後諸事紛冗，遂耽擱月餘。待初次通閱全稿後，擇期北上，與王高二公就疑難之處及未敢自信者，逐一商榷。三人共同討論凡三次，計約廿時。余復與王公合作數次，方正式定稿。其所以「自苦」如此者，固爲在告別二十世紀前表達三人對薛丁格之敬意，更望能爲台灣讀者提供一既可呈現原作要義且尙稱明暢易讀之翻譯本。因前述工作方式，有兩點應說明如下：（一）全書行文風格未能統一，既有譯者原用者，復有鄙人修訂者，更不時可見王公神來之筆。【曾拜讀其大作《槍炮、病菌與鋼鐵》及《第三種猩猩》者，想必不難辨出且心領神會。一笑！】（二）爲便於讀者瞭解，有數處改動原文。如書中第八十二頁關於期待時間的討論，及一些涉及生物學內容之處（均出於王公之手）。略言之，筆者傾向於儘可能直譯而不更改原文，王高二公則以爲「達意優於信守原文」，有時可將次要字句刪除。遇不一致處，則由余依己意裁之。故王高二公對優於原稿處自應得其該享之稱譽，而全書仍存在之缺失、錯誤及待改進處，則應歸咎於筆者。雖有前述限制，余在通讀兩遍後，尙未察覺有特別突兀及因刪改而致未能傳達原意處。至於是否達成當初所揭櫫之標的，尙祈博雅方家指正。

值此《生命是什麼？》行將付梓之際，特將鄙人承乏此世紀名著台灣版審訂工作之經過敬告讀者諸君，或可杜好事者攸攸之口於機先。是爲序。

庚辰冬至前五日於高雄望月陋室

英文版序

一九五〇年代初期，我還是個攻讀數學的年輕學生，當時我讀的書並不多，但曾仔細研讀的——至少是整本讀完的——往往是薛丁格的著作。我發現他的著作總能引人入勝，使人感到有所發現後的興奮，且對於我們生活其中的神祕世界，獲得某種全新的了解。而他的著作中，又以短篇經典著作《生命是什麼？》最具這種魔力。依我現今之見，這本著作一定會成爲本世紀最有影響的科學著作之一，因爲它表達出一位物理學家強烈的願望，力圖闡明生命奧祕的某些眞諦；他本人深刻的洞察力早已大幅改變了我們對世界組成的認知。

本書涉及各門學科的廣度，在當時是罕見的，同時，全書文風樸實、深淺適度、親切易讀，對非專業人員和渴望成爲科學家的青年來說，並不難理解。事實上，很多對生物學已經做出極其重要貢獻的科學家，例如，霍爾丹、克里克①都承認，這位具有高度創新精神和深邃思想的物理學家在本書中提出的各種觀點，對他們都產生過強烈的影響（雖然他們未必完全贊同他的觀點）。

①霍爾丹（J. B. S. Haldane），英國遺傳學家、生化學家，在酵素研究及染色體研究方面有卓越貢獻。曾

加入共產黨，一九五〇年代因反對蘇聯力捧李森科（T. Lysenko）而脫離共產黨，移民印度。至去世前都在指導印度的遺傳及生化研究。克里克（Francis Crick），與華生共同發現ＤＮＡ的雙螺旋結構，並分享一九六二年諾貝爾生理醫學獎。——編注

像許多對人類思想產生過巨大影響的著作一樣，本書提出的觀點一旦爲人們所掌握，就可以衍生出一系列幾乎是自明的眞理；可是很多本該明白事理的人，卻對這些觀點茫然無知。我們不是仍然常常聽到「量子效應和生物學研究幾乎沒有關係」或甚至是「人吃飯就是爲了獲取能量」這般論調嗎？這就是薛丁格的《生命是什麼？》一書，直到今天仍然對我們具有重要意義的原因。這本書絕對值得你讀之再三。

潘洛斯（Roger Penrose）

一九九一年八月八日

自序

大家總認爲科學家應該對自己的研究領域具有淵博的第一手知識，所以通常不會對自己並不精通的論題著書立說。這被認爲是種「高貴的義務」（Noblesse oblige）。但是爲了寫這本書，請允許我豁免此義務。我的理由如下：

我們從祖先那兒繼承了追求包羅萬象、融爲一體之知識的強烈渴望。大學（university）這個最高學府的名稱使我們想起，自古迄今，這麼多世紀以來，普遍性（universal aspect）已成爲唯一全然可信之物。然而，最近一百多年來，各種學科的分支在廣度和深度上的發展，卻使我們面臨異常的兩難困境。我們清楚地感覺到，要將人類已經掌握的各種知識的總和融爲一體，現在才剛剛開始獲得可靠的資料；可是另一方面，僅憑個人的才智要充分掌握其中很小一部分專業以外的知識，又幾乎是不可能的。

我認爲（爲恐我們永遠無法到達我們的眞正目標）我們當中應該有一些人要大膽地對事實和理論進行綜合，即使對其中某些知識只是「二手的」和不完整的亦然，而且還要甘冒因幹蠢事而出醜的危險，除此之外，別無他法可以擺脫前述的兩難困境。

好了，現在言歸正傳。

語言方面的困難也不容忽視。一個人的母語好比是一件十分合身的外衣，如果不能直接使用母語，而非得改用另一種語言，他絕不會感到很舒服的。我應該感謝都柏林三一學院（Trinity College, Dublin）的英克斯特博士（Dr. Inkster）與梅努思聖帕屈克學院（St Patrick's College, Maynooth）的帕德雷格·布朗博士（Dr. Padraig Browne），最後，但並非最不重要的，我還要感謝羅伯茲（S. C. Roberts）先生。他們爲了讓我穿上合身的新衣，花費了很多心血；由於我有時不大情願放棄「自創」的式樣，甚至給他們增添了更多的麻煩。如果由於朋友們有意的寬容，爲我殘留某些「自創」式樣的痕跡，這該歸咎於我自己，與朋友無關。

很多節的標題原先是想作爲頁邊內容提要的，而各章正文內容則應該連貫起來閱讀。

薛丁格

一九四四年九月於都柏林

自由民考慮得很少的莫過於死亡；他的智慧應該用於深思如何生存，而不是死亡。

——斯賓諾莎：《倫理學》第四部，命題六十七

薛丁格生命物理學講義：生命是什麼？ 目次

第一部　生命是什麼？

——活細胞的物理學觀

本文乃根據一九四三年二月在都柏林高等研究所主持下，於都柏林三一學院發表的演講稿整理而成。

獻給我的雙親

第一章 古典物理學家對生命問題的探討方式

我思故我在。——笛卡兒

一、研究的一般性質和目的

這本小冊子起源於一位物理學家向大約四百名聽眾公開發表的一系列演講。雖然主講人一開始就提醒聽眾，演講的論題是一個難題，即使這位物理學家幾乎沒有運用數學演繹法這個最令人害怕的武器，演講也不算通俗易懂，但是聽眾人數卻沒有減少。其中的緣由並不是因爲這個論題十分簡單，可以不用數學來說明，而是這個論題過於複雜，就算用數學也難以完全理解。演講看來至少受到歡迎的另一特點是，主講人力圖同時向物理學家和生物學家說明，處於生物學和物理學之間的基本概念。

儘管演講內容涉及的論題各式各樣，但是，整個演講卻只想表達一個想法，那就是對一個重大的問題發表小小的議論。爲了不迷失方向，先簡要地概括一下計畫的要點，這也許是有益的。

需要詳細論述的重大問題是：

怎樣用物理學和化學來說明，在生物①的體內發生的現象？

①原文爲living organism，即「活的有機體」，其義與生物無殊。爲行文方便，用「生物」一詞，以下不再說明。——審訂注

這本小冊子力求說明並確定的初步答案可以歸納如下：

目前的物理學和化學顯然無法說明上述現象，但是，這絕不能成爲懷疑物理學和化學最終能夠加以說明的理由。

二、統計物理學·結構上的根本差別

如果僅僅是爲了激起人們希望在將來能夠完成過去所不能完成的工作，那麼，此意見誠可謂無足道哉。然其旨趣是遠爲積極的，即希望能充分說明到目前爲止，物理學和化學仍不能對上述問題加以說明的原因。

由於生物學家，尤其是遺傳學家，在過去三、四十年中的創造性工作，讓人們對有機體實際

的物質結構及其功能有了足夠的了解，因而可以闡述並精確說明，當今物理學和化學爲什麼仍然不可能說明生物體內發生的現象。

生物體內最主要部分的原子排列及其交互作用，從根本上來說，不同於物理學家和化學家迄今仍然當做實驗和理論研究對象的各種原子排列。我剛才所說的根本不同，除了篤信物理學和化學定律完全是統計性的①物理學家以外，誰都可能認爲這種差異是微不足道的。因爲，正是基於統計上的觀點使我們相信：生物主要部分的結構完全不同於物理學家和化學家迄今在實驗室裡所處理，或在書桌旁所思考的任何一種物質結構②。若說由此所發現的定律和規則性，恰巧可以直接用來探討那些不足以爲這些定律和規則性所依據的結構的各類系統之作用方式，這就幾乎讓人不可思議了。

①這個論點看來可能過於籠統，詳細論述必須到本書第一二〇至一二二頁才能探討。

②唐南（F. G. Donnan）有兩篇極富啓發性的論文強調了這個觀點，見〈物理化學能夠適當地描述生物學的現象嗎？〉（La science physico-chimique décrit-elle d'une façon adéquate les phénomènes biologiques?, *Scientia*, xxiv, no. 78, pp. 10, 1918）；〈生命的奧祕〉（The mystery of life, *Smithsonian Report for 1929*, pp. 309）。

不能期望非物理學家能概略理解我剛才所使用的如此抽象的字眼「統計性結構」（statistical structure）中所涉及的差異性，更不要說深明其眞義了。爲了使敘述能夠有聲有色，我先提一下以後還要詳細說明的內容：活細胞最重要的部分——染色體纖絲——或可恰當地稱爲非週期性晶體（aperiodic crystal）。物理學上，我們迄今僅僅研究了週期性晶體（periodic crystal）。對於虛心的物理學家來說，週期性晶體已經是十分有趣而複雜的東西；它們構成了最迷人且最複雜的物質結構，這些結構的非生物性質已足以讓物理學家大傷腦筋。但是，跟非週期性晶體比起來，它們就相當平板乏味。兩類晶體結構的差異，就像是普通的壁紙和一幅傑出的刺繡珍品——比如拉斐爾（Raphael）掛毯——之間的區別：前者只是週而復始地重複出現單一的花紋，而後者卻沒有單調重複的痕跡，而是展現了由傑出大師設計的精巧、協調而富有意義的圖案。

我將週期性晶體稱做他研究的最複雜的對象之一時，我指的他就是物理學家。可是，有機化學家在研究過越來越複雜的分子時，他們確實已經十分接近非週期性晶體了。我認爲，非週期性晶體就是生命的物質載體。因此，有機化學家已經對生命問題的研究做出了重大貢獻，而物理學家則幾乎一事無成，這也就不足爲奇了。

三、天真的物理學家的探討方式

在十分簡要地說明過我們研究的一般想法，或應更恰當地稱爲研究的終極目的之後，讓我來敘述一下研究的途徑。

首先，我打算闡述大家也許會稱之爲「一位天眞的物理學家關於有機體的觀點」：他在攻讀物理學，尤其是物理學的統計性基礎以後，開始考慮有機體及其活動和功能的方式，並且捫心自問，他能否用已經掌握的知識以及他那門比較簡單、明晰及質樸的學門中的觀點，對生命問題做出適當的貢獻。

得出的答案是，他可以有所做爲，所以接下來必須將理論上的預測和生物學的事實進行對比。結果是：雖然從整體上說來，他的想法十分合理，但是也需要做相當大的修正。這樣，我們可以逐漸接近正確的觀點，或者說得謙虛一點，接近我認爲是正確的觀點。

即使在這一點上我是正確的，但我仍然不知道我的研究方法是否爲眞正的捷徑。不過，無論如何，這畢竟是我自己的研究方法。這位天眞的物理學家就是我自己，爲了達到目的，我找不到比已走過的曲折小道更加平坦的途徑。

四、原子為什麼這麼小？

闡述「天眞的物理學家觀點」的好方法，就是從古怪的、近乎荒唐的問題開始：爲什麼原子這麼小？

首先，原子的確非常小，日常生活中接觸到的所有微小的物體都含有數量極大的原子。爲了向聽眾清楚地說明這個事實，我曾經想出很多例子，但是沒有一個例子比克耳文勛爵（Lord Kelvin）所用的例子更能夠令人留下更深刻的印象。假設你可以將一杯水中的分子都做上標記，然後將這杯水倒進大海裡，再徹底地攪動海水，使有標記的分子均勻地分布在七大洋中；此後，如果你在任何地方從海洋裡舀出一杯水，你會在其中找到大約一百個有標記的分子①。

①當然，你不會正好找到100個有標記的分子（即使這是精確計算的結果）。你也許找到88個、95個、107個、或112個，但是不大可能少到只有50個，或多達150個分子。預計的「偏差」(deviation)或「漲落値」(fluctuation)爲100的平方根，即10個。統計學家以下述方式表達：你可以找到100±10個有標記的分子。這點先暫時置之不理，以後還會提到它，並且做爲統計學上$\sqrt{n}$定律的例子。

原子的實際大小①約爲黃光波長的五千分之一至二千分之一。這樣對比是有意義的，因爲光波波長可以粗略地表徵顯微鏡尚可辨認的最小微粒之尺寸，而這樣小的微粒子仍然包含幾十億個原子。

①根據現在的看法，原子沒有明確的界限，因此，它的「大小」不是一個定義十分嚴格的概念。但是我們可以用固態或液態內原子中心間的距離來表示它（或者，如果你願意的話，也可以藉此替換它），當然，不能用氣態內原子中心間的距離，因爲在正常的溫度和壓力下，此距離幾乎要大了十倍。

那麼，原子爲什麼這麼小？

當然，這是一個拐彎抹角的問題，因爲問題眞正的目的並不在於問原子的大小，而是想問有機體的大小，尤其是人類肉體的大小。如果參照日常使用的長度單位，例如碼或公尺，原子確實是很小的。在原子物理學中，人們習慣使用所謂「埃」（簡寫爲Å）做爲長度單位，它等於一百億分之一（10^{-10}）公尺，或者用十進位小數計數法表示爲0.0000000001公尺，而原子的直徑範圍爲1-2埃。既然日常使用的單位（原子和它相比，顯得多麼渺小）與人體大小有密切關係，可以用一個故事說明，碼的由來可以追溯到一位英國國王的幽默。當大臣們請示國王採用什麼做測量單位時，他將手臂向身旁一伸，說道：「量出由我胸部中間到指尖的距離就行了。」不管這個故事是眞是假，它對我們是有實際意義的。這位國王可以很自然地指定一種和自己身長相關的長度做單位，因爲他知道使用其他長度都不方便。雖然物理學家喜歡用埃做單位，但是他們也寧願別人告訴他，做一套新衣服需要六碼半花呢布，而不是六百五十億埃花呢布。

這樣就確定了我們提出問題的眞正目的在於知道兩種長度的比例，也就是我們的身體長度和原子長度的比例。站在原子做爲一個獨立實體（independent existence）的無庸置疑的優先性這個立場，問題應該正確地表述爲：與原子相比，人體爲什麼這麼大呢？

人體的各個感官，構成身體中重要性各不相同的部分，於是（鑑於上述的比例數值），因爲感官本身是由無數原子組成的，但其構造不夠精細，不會受到單個原子碰撞的影響。我可以想像許多敏銳的物理系和化學系的學生會對此感到遺憾。我們看不見、摸不著，或者聽不到單個原子的動靜；以致於我們有關原子的假說和我們龐大的感覺器官的直接感受大相逕庭，而且不能通過直接觀察進行檢驗。

非如此不可嗎？其中有什麼內在的理由嗎？能否把這種現象追溯到第一原理，以弄清楚爲什麼自然法則不允許其他的可能性？

終於碰到了一個物理學家可以解決的問題，而且上述問題的答案都是肯定的。

五、有機體的活動需要精確的物理定律

如果不是如上所述，如果人類是一種十分敏感的有機體，一個或幾個原子就能對我們的感官產生可以知覺的影響，天哪，生命會變成什麼樣子！我只想強調一點，這種有機體肯定不能發展出有條理的思維，更甭說原子的觀念了。

即使我們決定只強調這一點，以下的一些見解本質上仍然適用於大腦和感覺系統以外的器官功能。對於人類唯一最重要的事情是，人類可以有觸覺、思維和知覺。如果不從純客觀生物學的角度看，至少從人類角度看來，在產生思維和感覺的生理過程中，大腦和感覺系統以外的其他器官的功能只有輔助作用。此外，選擇與人的思維活動緊密聯繫的過程進行研究，大大有利於我們的研究任務，雖然我們還不知道它們相互密切對應關係的實質。其實，依我看來，這種研究已超出自然科學的範圍，也很可能完全超出人類的認識能力。

於是，我們面臨如下的問題：像人腦以及附屬於它的感覺系統——其物理上變化的狀態和高度發展的思維密切對應——爲什麼必須由大量的原子組成？爲什麼大腦及其感覺系統的功能，從

整體來說或從與外界直接交互作用的某些器官來說，並不是能夠反應和記錄外界單個原子碰撞的精巧和敏感的機制？

其中的原因就是，我們所說的思維（一）它本身是有次序的東西，（二）它僅能應用於具有一定次序的素材，即知覺或經驗。由此產生兩種結果：第一，與思維密切對應的物質組織（就像和我的思維密切對應的大腦）必須是井然有序的組織，這就意味著其中發生的事件（event）必須遵循嚴格的物理定律，至少要達到極其高度的精確性。第二，由外界物體對組織嚴密的物質系統所產生的物理影響，顯然也和相對應思維中的知覺和經驗（它們構成我上面說過的思維的素材）相對應。因此，一般說來，我們的系統和其他系統之間的互動必須要有起碼的秩序，換句話說，它們要相當精確地遵循物理定律。

六、物理定律以原子統計學為依據，因此只是近似的

那麼，在有機體只由爲數不多的原子組成，而且對一個或幾個原子碰撞就很敏感的情況下，爲什麼上述的一切就不能實現呢？

因爲我們知道，所有的原子都不停地在進行完全無規的熱運動(heat motion)，可以說，這和原子的有序狀態自相矛盾，使得在少量原子之間發生的事件不符合任一條公認的定律。只在有極大量原子參與的情況下，統計法則才開始發生作用，並控制這些**系集**(assemblées)的狀態，其精

確性則隨著原子數量的增多而提高。事件正是經由此方式才能獲得眞正有序的特性。已知在生物中起重要作用的所有物理和化學定律，都屬這種統計性定律；而人們可能想出的其他任何規律性和秩序，則會被原子永不停止的熱運動所干擾，因而不能起作用。

七、物理和化學定律的精確性以大量原子參與為基礎

例一：順磁性

讓我設法舉幾個例子加以說明，這些例子是從千萬個例子中隨手拈來的，對於首次了解這種現象的讀者來說，可能不是能引起興趣的最好例子，可是現代物理學和化學中的這種現象，就像生物學中的有機體是由細胞所組成的，天文學的牛頓定律，甚至是數學的整數序列一、二、三、四、五……，同樣都是極爲基本的。十足外行的讀者，不要期望讀了下面幾頁書就能徹底理解和領會這個論題，因爲它和波茲曼（Ludwig Boltzmann）、吉布斯（Willard Gibbs）等光輝的名字聯繫在一起，並且要在名爲「統計熱力學」的教科書內才能詳加論述。

如果你在一長條石英管內充以氧氣，然後將此管放在磁場內，你會發現氧氣被磁化了①。氧氣的磁化是由於氧分子就是細小的磁體，而且像羅盤的指針一樣，它們傾向於轉動自身使平行於磁場的方向。可是你千萬不要以爲，分子眞的都相互平行，因爲你如果將磁場加倍，就會使氧氣的磁化強度加倍；磁化強度隨著你提高磁場大小的比例而增加，直到非常強的磁場仍然如此。

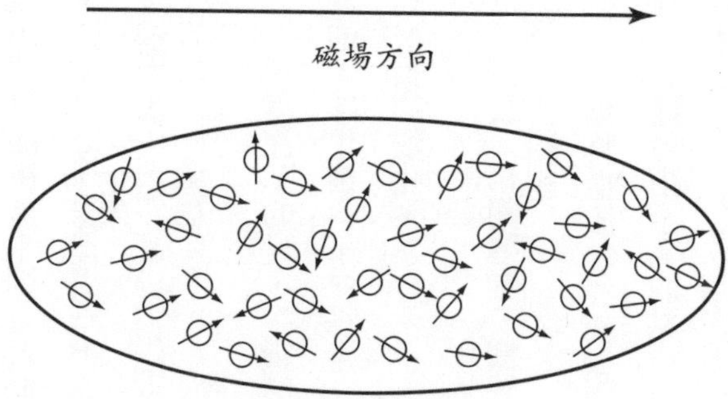

圖一　順磁性

①選用氣體是因爲氣體比固體和液體單純些；在這種情況下，氣體磁化強度特別弱，但這無礙於理論上的探討。

這是純粹的統計性定律的一個特別明顯的例子。在磁場影響下，這些小磁體的排列方向是一致的，可是熱運動造成的干擾卻要打亂它們的排列次序，對抗的結果，實際上只是使其偶極軸和磁場之間呈銳角的小磁體的數目略多過呈鈍角者。雖然個別小磁體不斷改變取向，但是平均來說（由於它們的數量巨大）順著磁場方向的數目多過逆向，磁場愈強，兩者差距愈大。這個獨創性的說明應歸功於法國物理學家朗之萬（P. Langevin），而這種現象可以採用以下的方法加以檢驗。

如果觀測到的微弱磁化強度確實是磁場和熱運動對抗所造成的後果，即磁場要梳理所有分子，使之平行，而熱運動則導致它們隨意取向；那麼經由削弱熱運動來增強磁化強度應該是可能的，也就是說，降低溫度就能增加磁化強度，而不用靠增強磁場。實驗已證實了這一點，結果是磁化強度與絕對溫度成反比例變化，這點在定量上和理論（居里定律）是一致的。現代設備甚至可以使我們經由降低溫度將熱運動削弱到無足輕重，使得磁場產生固定取向的趨勢，使其自身就算不能全部達成，至少也能達到絕大部分的「完全磁化」。在這種情況下，我們不能再期望磁場強度加倍，磁化強度也加倍，而是隨著磁場強度逐漸增大，磁化強度增幅越來越少，逐漸接近所謂的「飽和」。實驗已從定量上驗證了此一假設。

值得注意的是，這種變化過程完全取決於大量的分子，它們協同產生出可觀測的磁化現象。否則，磁化根本不會穩定，而是隨時都在不規則地變動著，這就證明了熱運動和磁場兩者抗爭此消彼長的變化。

八、例二：布朗運動、擴散

如果將微滴組成的霧注入密封的玻璃容器下半部，就會發現霧的上緣以確定的速度逐漸下沈，該速度由空氣的黏度及微滴的大小和比重決定。可是，如果你在顯微鏡下觀察一個微滴，將會發現它並非一直以恆定的速度往下沈，而是進行很不規則的運動，即所謂的「布朗運動」（Brownian Movement），只有就平均而言，這種運動才顯示出規則的下沈狀態。

雖然這些微滴並不是原子，但是它極其輕微、細小，足以感受到不斷碰撞其表面的單個分子的衝擊。於是，它們不斷地受到碰撞，只有就平均而言，它才受到重力的影響。

這個例子說明，如果感官可以感受到區區幾個分子碰撞的影響，我們將會有多麼古怪而紊亂的經驗。細菌和其他一些有機體很小，能受到這種現象的強烈影響，所以它們的運動是受周圍介質的熱運動隨意擺布的，自己沒有選擇能力。如果它們自身有某種動力，也許仍然可以成功地從一個地方移動到另一個地方，不過這是相當困難的，因爲它們受到熱運動顛簸，就像是在波濤洶湧

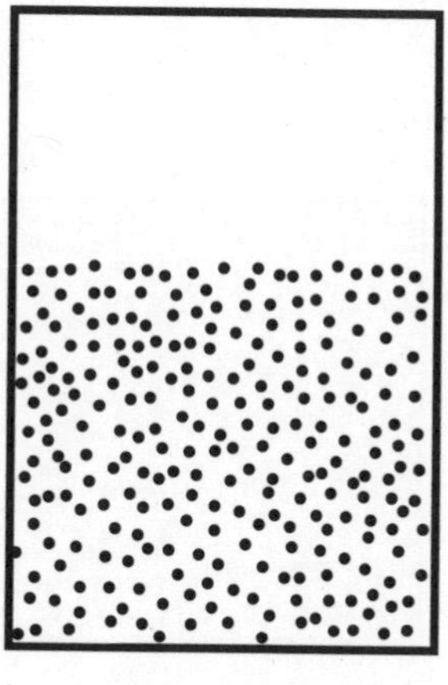

圖二　下沈的霧

圖三　下沈微滴的布朗運動

的大海裡飄浮不定的一葉扁舟。

擴散（diffusion）是與布朗運動十分相似的現象。假設在一只裝滿液體（比如水）的容器內溶有少量彩色物質，比如高錳酸鉀①，其濃度並非均勻分布，而是如圖四所示，其中的小點表示溶質（高錳酸鉀）分子，濃度由左向右逐漸降低。如果你將這個裝有高錳酸鉀溶液的容器放到一邊，一個緩慢的「擴散」過程便開始了，高錳酸鉀開始由左向右擴散，也就是說，由濃度高的地方向濃度低的地方擴散，直到均勻地分布在水裡爲止。

①高錳酸鉀是紫紅色的。——編注

在這個相當簡單且顯然並非特別有趣的過程中，值得注意的情況是，高錳酸鉀分子之所以由稠密區域向稀疏的區域移動，也許有人會認爲是受到某一趨向或力量的驅動，就像一國的人口會希望遷移到空間較大的地方那樣。高錳酸鉀分子不會發生這種情況，每個分子的運動都不受任何其他分子的制約，

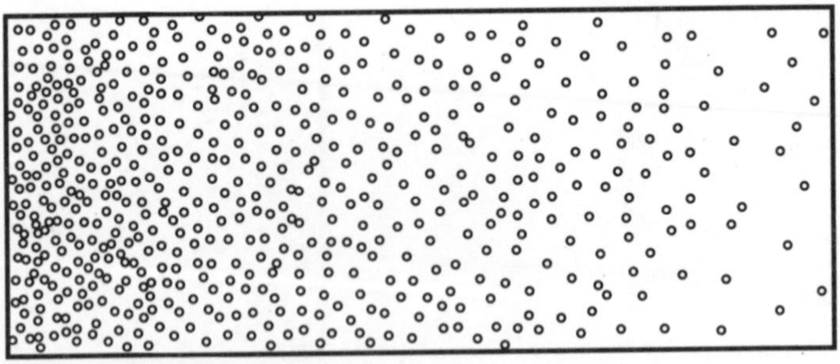

圖四 在濃度不同的溶液中，自左向右的擴散。

分子之間十分難得相互碰撞。但是，不論在稠密區還是空白區，每個分子都遭到相同的命運，就是不斷地受到水分子的碰撞而左右動盪，從而沿著無法預測的方向移動，有時向高濃度區，有時向低濃度區，有時傾斜移動。分子進行的這種運動往往可以比喻成，一個人在開闊的空地上蒙著眼睛行走，但是沒有特定方向，因而不斷地改變他的路線。

所有高錳酸鉀分子都這樣隨意地運動著，但是仍然有規則地流向濃度較低的區域，最終導致均勻分布。乍看起來，這種現象令人費解，不過，僅僅是乍看起來而已。如果你把圖四所示的溶液想像爲一些濃度近似恆定的薄片，在某個瞬間裡，某一特定薄片內的高錳酸鉀分子，經由無規運動，向左或向右移動的機率，的確是相等的。可是，正是由於如此，從相鄰兩塊薄片間的平面上通過的分子，由左到右的分子多過由右到左的分子，這只是因爲向左側進行隨意運動的分子比向右側的多些。只要這種狀況不變，平衡就會表現爲自左向右的規則流動，直到達成均勻分布爲止。

倘若用數學語言來表達這些見解，精確的擴散定律可採用如下偏微分方程的形式：

$$\frac{\partial\rho}{\partial t}=D\nabla^2\rho$$

我不想解釋這個方程式使讀者費神，雖然用普通語言說明其含義也十分簡單①。我在這兒提出嚴格的「數學上精確」的定律，原因在於我想強調每一次應用就是一次檢驗。由於定律以純粹機率爲基礎，其有效性只是近似的。一般說來，如果它是一個非常好的近似，也只是由於參與這種現象的分子數量極大。我們必須想到，分子數量越少，隨機的偏差就越大，所以在適當的情況下，我們可以觀測到這些偏差。

①也就是說，任何一點上的濃度都按照一定的速率增加（或減少），此速率正比於該點附近一小區域內的相對濃度。順帶一提，熱傳導定律的形式和擴散定律完全一樣，只是「濃度」要換成「溫度」。

九、例三：測量精確性的極限

最後一個例子和例二相當類似，但是具有特別重要的意義。物理學家常用細長的纖維，懸掛一個處於平衡狀態的輕微物體，然後施加電力、磁力或重力，使物體圍繞垂直軸旋轉，藉此來測量使物體偏離平衡狀態的微弱的力（當然必須根據具體目的來選擇適當的輕微物體）。物理學家在不斷努力改進這種很常用的「扭秤」（torsional balance）的精確度時，遇到了一種奇妙而又十分有趣的極限。在選擇越來越輕的物體和越來越細長的纖維，使扭秤可以感應越來越微弱的力的過程中，當懸掛的物體明顯地感受到周圍分子熱運動的衝擊，開始圍繞著平衡位置，像例二中的微滴顫動那樣不停地、不規則地「跳舞」時，就達到了精確度的極限。雖然這種過程沒有給定扭秤所做測量的精確度的絕對極限，但它給出了實際的極限值。無法控制的熱運動效應與要測定的力效應相抗衡，使觀測到的單次的偏移平衡狀態變得沒有意義。爲了要消除儀器因布朗運動產生的影響，必須多次進行觀測。

我認爲這個例子對目前的研究特別富有啓發性，因爲我們的感官畢竟也是一種儀器，我們可以看出，如果感官變得過於敏感，它們將是多麼無用啊！

十、$\sqrt{n}$法則

暫且就舉這幾個例子吧。我只想補充說明一點，那些與有機體本身有關的，或者與有機體和環境交互作用有關的物理或化學定律，每一條都可以選做例子。詳細闡述也許比較複雜，但要點總是相同的。因此，再舉例說明就變得千篇一律了。

可是，我還想補充一點十分重要的定量說明，它涉及任何物理定律都會有精確度不足的問題，即所謂$\sqrt{n}$定律。我首先舉一個簡單的例子加以說明，然後再推廣。

如果我告訴你，在某種壓力和溫度的條件下，某種氣體具有一定的密度，或者我採用下面的方式來說，在上述條件下，在一定體積（體積大小應適合實驗的需要）的氣體中恰好有n個氣體分子，那麼你可以相信，如果能在某個特定的時刻檢驗我說的話，你會發現它並不精確，而且誤差約爲$\sqrt{n}$。因此，如果數量n=100，你會發現誤差約爲10，因此相對誤差爲百分之十；但是，若n=1000000，你就可能發現誤差約爲1000，相對誤差則爲千分之一。因此，大體來說，這個統計定律具有相當的普遍性。物理和物理化學定律的不精確性，就在這可能的$\sqrt{n}$相對誤差範圍以內，其中n爲使定律得以成立而參與的分子數量，對特定的情況或實驗來說，在相關的空間或時間（或者兩者）範圍內，該定律可以生效。

由此，你可以再次看到，有機體必須有相對而言夠大的結構，才能得到精確定律的好處，無論體內的維生功能或它與外界的互動都是如此。要不然，參與的分子數量太少，「定律」也就太不精確。特別緊要的是平方根，因爲，雖然一百萬是相當大的數，但是，要求人們承認一個事物具有「自然法則」的地位，就算精確度達到千分之一，總不是盡善盡美的。

第二章　遺傳機制

存有是永恆的，
因為法則能夠保存生命的精華
宇宙因生命而增輝——歌德

一、古典物理學家的預想，雖然不無聊，但卻是錯誤的

從上一章的內容裡，我們可以得出下述結論：有機體及其所經歷有關生物學的全部過程，都必須具有極度的「多原子」結構，且必須防止隨機的「單原子」事件發生太大的作用。「天眞的物理學家」告訴我們，這點十分重要，因此有機體才能符合十分精確的物理定律，並遵循這些定律進行它那極具規則且井然有序的活動。從生物學觀點看，這些由先驗（即從純物理學觀點）獲得的結論，與生物學的實際情況符合得多好呢？

乍看起來，人們往往會認爲，這些結論是無關緊要的。比方說，三十年前的生物學家，也許

已經講過這一點。雖然一個通俗演講人強調統計物理學對有機體就像對其它領域同樣具有重要的意義，在當時是完全適當的，但是，這種論點實際上已成了人所共知的老生常談。因爲不僅高等生物成年個體的軀體，而且構成其軀體的每個單細胞都包含「天文數目」的各種原子。表面看起來，或者說三十年前看起來，我們觀測到的細胞內部或它與環境相互作用的每個特定的生理過程，都涉及到如此巨大數量的單原子和單原子過程，因此，即使按照統計物理學的「大數」法則十分嚴格的要求，所有相關的物理和物理化學定律也都保證會適用。我剛才已用$\sqrt{n}$法則說明了這種要求。

今天，我們知道這種看法是錯誤的，因爲現在我們將會看到小得難以置信的原子群，微小到不能顯示嚴格的統計定律，竟然在生物體內的極其有序和規律的事件中起了主要的作用。它們控制著有機體在其發育過程中獲得的各種可觀測的宏觀特性，並且決定其功能的重要特徵；而從這一切中顯現了十分準確和嚴格的生物學定律。

我得先簡要地概述一些生物學、尤其是遺傳學的情況；換句話說，我不得不概述我並不精通的一門學科的知識現狀，但這是萬不得已的事。我要爲我一知半解的概述表示歉意，特別是向生物學家；另一方面，也請允許我有點武斷地向讀者提出我的一般性想法。各位不能企求覽腳的理論物理學家能夠恰當地、全面地概括各種實驗資料，因爲這些實驗資料一方面包括大量的、長期的、精心安排的一系列無比巧妙的育種經驗；另一方面，又包括利用最精密的現代顯微技術對活細胞進行直接觀察的結果。

二　遺傳密碼（染色體）

我在這裡要使用「四維模式」（four-dimensional pattern）這個詞，它不僅表示生物體在某特定發育階段的結構和功能，而且也表示整個發育過程——從受精卵到成熟期。現在我們已經知道，整個四維模式就是由一個細胞，即受精卵的結構決定的；而且，實際上只是由受精卵的一小部分，即細胞核的結構決定的。

在正常的細胞分裂間期內，細胞核看起來往往像是分布在細胞內的染色絲（chromatine）①。可是在極其重要的細胞分裂（有絲分裂和減數分裂，見下文）過程中，可以看出細胞核是由一組通常呈纖維狀或桿狀的微粒——即染色體（chromosome）——組成。其數量有八個、或十二個、或者在人體的情況下有四十六個②。但是，爲了使用生物學家習慣意義上的措詞，我應該如實地將這些列舉的數字寫成2×4、2×6、……、2×23、……，而且應該說成雙套染色體。雖然單個染色體有時可以根據形狀和大小明確地加以區別，但是，兩套染色體卻幾乎完全相像。我們馬上就會明白，這兩套染色體一套來自母體（卵子），另一套來自父體（精子），包含了個體未來發育及其在成年階段機能的全部模式。這些模式是以某種密碼形式存在的，每一套完整的染色體都包含一整套的密碼，因此，受精卵內有兩套密碼。整個個體是由受精卵發育而來。

①這個詞的意思是「可染色的物質」，即在顯微技術中使用的某種染色過程中，可以染色的物質。

②受限於當時的知識，原文爲四十八個。今加以改正，以免誤導讀者。——審定註

當我們稱染色體的構造爲密碼時，我們的意思是「在全知的心靈面前，每一種因果關係都昭然若揭」，拉普拉斯（Laplace）就具備該等心靈。這等心靈由染色體的結構即可看出，卵子在適當條件下，是長成一隻黑公雞，還是一隻花母雞；是長成一隻蒼蠅，還是一株玉米、一棵杜鵑花、一隻甲蟲、一隻老鼠還是一個女人。對此，我們還可以補充一點：不同種生物的卵細胞形狀總是驚人地相似；就算外形並不相似，例如，鳥類和爬行動物的蛋相當大，可是，差異之處在於營養物質；在鳥類和爬行動物的蛋中，由於顯而易見的原因，營養物質比胎生動物多得多。

密碼一詞的詞義當然過於狹窄，染色體結構同時還推動卵細胞朝它們預設的方式發育。它集法典和行政權力於一體，或者用另一個比喻，它們集建築師的設計和施工者的技藝於一身。

三、身體經由細胞分裂（有絲分裂）生長

在個體發育過程中，染色體如何作用呢①？

①「個體發育」（ontogenesis）是個體在其生存期內的發育，與個體發育相對的是「種系演化」（phylogenesis），它是指生物種系在不同地質時期內的發展。

有機體的發育是經由連續的細胞分裂完成的，這樣的細胞分裂叫做有絲分裂（mitosis）。我們可能會因爲組成我們身體的細胞數量極大，而認爲在每個細胞的一生中會進行頻繁的有絲分裂，其實不然。起先發育很迅速。卵細胞分裂爲兩個「子細胞」，接著它們發育成新一代的四個細胞，以後各代分別是八個、十六個、三十二個、六十四個……細胞等等。正在發育的身體各部分中，細胞分裂的頻率會有變化，所以就破壞了上述數目的規則性。但是，由於細胞數目迅速增長，我們經簡單的計算即可得出，平均只要五十或六十次連續分裂，就足以達到成年人體的細胞數①，如果將人一生中細胞的新陳代謝也考慮進來，大約可以達到成年人體細胞數的十倍①。因此，平均來說，我現在身體內的每一個細胞，都不過是孕育出我的那粒卵細胞的第五十代或第六十代的「後裔」。

①極爲粗略的估計成年人體內的細胞數，約爲一百兆（10^{14}）或一千兆（10^{15}）個細胞。

四、在有絲分裂中，每個染色體都要複製

染色體在有絲分裂中是如何作用呢？它們會複製。兩套染色體，也就是兩套密碼都會複製，這個過程是極其重要的，而且已在顯微鏡下進行過詳盡的研究，但是，因爲過程太複雜，在這裡就不詳細描述了。有絲分裂最重要的一點是，分裂形成的兩個子細胞都各得到一份嫁妝，也就是得到和母細胞染色體完全相同的另外兩套染色體。因此，全身細胞就染色體這個傳家寶而言，都

是完全相同的①。

①希望生物學家會原諒我在簡要的概述中省略了嵌合體（mosaic）的異常情況。

儘管我們對這種機制了解不多，但是，我們不得不認爲，每個細胞，甚至是不那麼緊要的細胞，竟然都有一套完整的基因組，這在某些方面一定和有機體的機能密切相關。不久以前，我們從報紙得知，蒙哥馬利將軍在非洲戰役中，堅持要讓部隊的每個士兵都清楚地知道全部作戰計畫。如果這是事實的話（因爲他的部隊素質很高，這個故事也許是眞的），就爲我們的實例提供了一個絕妙的類比，在這個類比中，相對應的事實當然是眞實無誤的。最令人驚奇的是，在整個有絲分裂過程中，染色體始終成雙結對。這雖然是遺傳機制最明顯的特點，卻有一個例外，我們就來討論它。

五、減數分裂和受精

就在個體開始發育後不久，有一組細胞被保留著，以便在發育後期，產生出成年個體繁殖所需要的配子（gamete），男生的配子稱爲精細胞，女生的則稱爲卵細胞。「保留」一詞表示，它們在此期間沒有其他用途，而且有絲分裂的次數也比其他體細胞少得多。我剛說的例外就叫減數分裂（meiosis）。在有機體的成年階段內，這些保留的細胞最後會經由減數分裂產生配子，而且通常是在配子即將結合前的短期內，才發生這種分裂。

在減數分裂的過程中，母細胞內的每對染色體，都會分成兩個單獨的染色體，使得最後所形成的兩個子細胞，也就是配子，只分別具有一套染色體。換句話說，減數分裂不像有絲分裂那樣，染色體會成倍地增加；相反的，染色體數量保持不變，因此，每個配子都僅得到原來的一半，也就是一個完整的密碼副本，而不是兩個，例如，人的配子只有二十三個，而不是二乘以二十三等於四十六個染色體。

只有一套染色體的細胞，稱爲單倍體（haploid，源自希臘文「ἁπλοῦς」，意爲單一），因此配子就是單倍體；而普通細胞是二倍體（diploid，源自希臘文「διπλοῦς」，意爲雙倍）。偶爾也會出現一些個體，其所有的體細胞都含有三套、四套、……或多套染色體，於是，這些細胞就被稱爲三倍體（triploid），四倍體（tetraploid）……或多倍體（polyploid）。

在配子配合的過程中，雄性配子（精子）和雌性配子（卵子）都是單倍體細胞，所以兩者結合後所形成的受精卵就是二倍體細胞。它的兩套染色體，一套來自母體，另一套來自父體。

六、單倍體個體

還有一點需要加以更正，雖然這一點對我們的研究目的並不是必不可少的，卻饒富興味，因爲它說明，每一套染色體內，實際上都含有密碼十分完整的「模式」。

我舉幾個減數分裂後並不緊接著受精的例子。單倍體細胞（配子）進行多次有絲分裂後，結果產生了全是單倍體的個體，雄蜂就屬於這種情況。它是孤雌生殖的產物，也就是由蜂后未受精的卵子形成的，因而是單倍體的個體。雄蜂是沒有父親的！它全身的細胞都是單倍體，如果你高興的話，也可以稱雄蜂爲肉眼可見的大型精子，事實上，眾所周知，雄蜂一生中唯一的任務，就是碰巧能執行授精作用。這個觀點也許有點荒唐可笑，因爲這種情況並非絕無僅有。有些種類的植物，也有由減數分裂產生的單倍體配子，這種植物配子叫做「孢子」（spore）；孢子落入泥土中，也可以像種子一樣，發育成眞正的單倍體植物，它們的大小和雙倍體植物不相上下。

圖五是森林中常見的苔蘚類植物的簡略草圖，葉子茂盛的下半部是叫做「配子體」（gametophyte）的單倍體植物，在它的上端長有性器官和配子，所以它

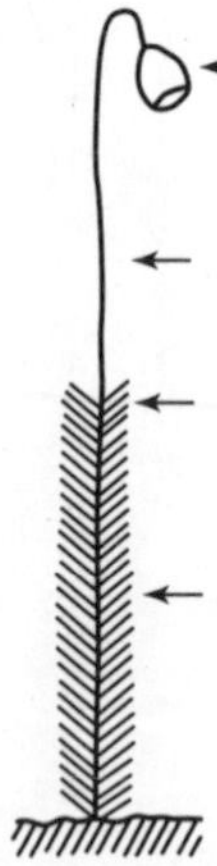

圖五 世代交替

們透過相互授精，也能按照正常方式產生二倍體植物，也就是沒有葉子的莖及其頂部的孢蒴（capsule）。這部分稱爲孢子體（sporophyte），因爲它能經由減數分裂產生孢蒴裡的孢子，孢蒴裂開後，孢子落入泥土裡就會發育成葉子茂盛的莖，如此不停地循環。這整個過程可以恰當地叫做世代交替；如果你願意的話，也可以用同樣方式看待日常事例，比如人和動物。「配子體」通常是存活期很短的一代單細胞，可能是精子，也可能是卵子。我們的身體相當於孢子體，而人的「孢子」就是那些保留的細胞，這些細胞經由減數分裂，就會產生出一代代的單倍體。

七、減數分裂的重要性

在個體繁殖過程中，眞正具有決定性意義的重要事件不是受精，而是減數分裂。一套染色體來自父親，另一套來自母親；機遇和命運都無從介入。每個男人①，正好有一半的遺傳特徵來自母親，另一半則來自父親。至於似乎佔優勢的是父親的血統，還是母親的血統，那是由其他原因決定的，我們在後面再進行探討。（性別本身就是這種優勢最簡單的例子。）

①每個婦女也一樣。爲了避免冗長，我在概述中略去了性別決定和性聯性狀（例如色盲）等這些十分有趣的問題。

但是，當我們將遺傳特徵追溯到祖父母時，情況就不同了。現在，請允許我集中注意力研究我父親的染色體組，特別是其中的一條，比如說，第五號染色體。它若不是我父親接受祖父的第五號染色體的精確複製品，就是接受祖母的第五號染色體的精確複製品。一八八六年十一月，父親體內發生了減數分裂，產生了精子，而幾天以後，這個精子對於我的誕生發生了作用。

在上述過程中，父親的第五號染色體，究竟是誰的第五號染色體的精確複製品，那是按照五十：五十的機率決定的，父親的第一、二、三、四、六……二十三號染色體的情況也完全相同。根據實際情況，在細節上稍作修正，我母親的每條染色體的情況也是如此，只是細節略有不同。此外，所有四十六條染色體中，究竟是繼承了誰的染色體這個問題，都是完全獨立的。即使知道我父親的第五號染色體來自祖父約瑟夫．薛丁格，而他第七號染色體來自祖父，還是祖母瑪麗（娘家姓博格納，Bogner），機率仍然等於五十比五十。

八、交換．性狀定位

根據以上敘述，我們似乎都認爲染色體以條爲單位，整條整條地繼承自祖父或是祖母，換句話說，單個染色體是整條地傳遞下去的；可是，祖父母的遺傳特性在後代身上混雜的機率甚至比上述出現的機率還要高。其實，染色體並不是，或者並不總是整條地傳遞下去的。在減數分裂的過程中，例如父體內一次減數分裂過程中，任何兩條「同源」染色體在分離前，都會相互緊密地連接在一起，在此期間，兩者有時會如圖六所示的方式，整段地相互交換。透過這種稱爲「互換」

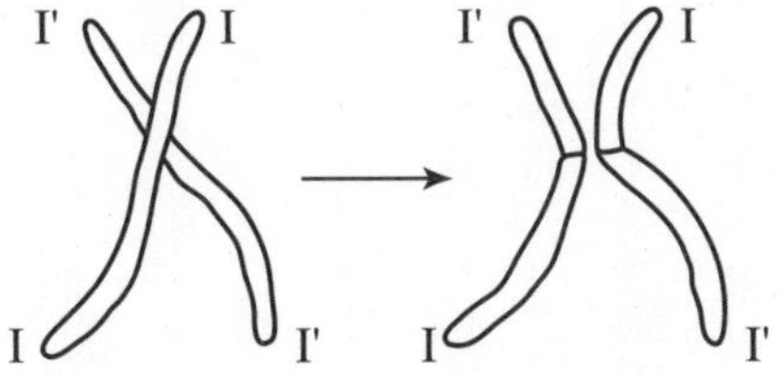

圖六　互換。

左圖　兩條連接的同源染色體；右圖　交換和分離以後

（crossing-over）的過程，同一條染色體上的性狀，若在不同區域，就會分離開來，於是，孫兒女會繼承祖父的一種性狀，和祖母的另一種性狀。這種既非十分罕見、亦非十分頻繁的互換過程，已經爲我們提供了有關性狀在染色體上相關位置的寶貴訊息。我們若要作詳細論述，就得在下一章之前引進許多沒有介紹過的概念（例如雜交、顯性等）；但是，如此一來就超出這本小冊子的內容範圍，所以請允許我現在只說明一下要點。

倘若沒有互換，同一條染色體上的兩種性狀會一起遺傳給後代，後代不可能只繼承一種性狀，而不繼承另一種性狀；但是，不同染色體的兩種性狀，不是有百分之五十的可能性被分開，就是必然會分離，要是那兩種性狀位於同一位祖先的同源染色體上，就必然會分離，所以它們永遠不會一起傳給後代。

互換擾亂了前述的規律和機率。因此，透過適當的安排進行廣泛的繁殖實驗，並詳細記錄後代性狀組成的百分比，就可以確定互換產生影響的這類事件的機率。人們在分析統計數據時，可以同意下述這種對工作富有啓發性的假設：位於同一條染色體上

「連鎖」的兩種性狀之間距離越近，受到互換破壞的次數越少，因爲兩者間有互換點的可能性較小，而每次互換可將靠近染色體相對兩端的性狀分開（這也同樣完全適用於位於同源染色體上性狀的重新組合）。透過這種方法，人們可以預料，根據「連鎖的統計資料」，可以畫出每條染色體的「性狀地圖」（map of properties）。

這些預期已經完全得到驗證。在進行過徹底試驗的實例中（主要是果蠅，但不僅僅是果蠅），受試驗的性狀實際上分成了很多單獨的群，群和群之間沒有連鎖關係。有幾群性狀就有幾條不同的染色體（果蠅有四條染色體）。每群性狀都可以繪出一幅線形圖。這張圖可以定量地說明該群任意兩種性狀的連鎖程度，因此，幾乎可以確定，這些性狀的位置是固定的，而且是沿著一條直線定位的，就像染色體的桿狀外形所暗示的那般。

當然，以上描繪的遺傳機制的概要，還是相當空洞和枯燥無味，甚至顯得有點幼稚，因爲我們沒有說出透過這些性狀究竟瞭解了什麼。把本質上是個統一體，或者「整體」的有機體模式分解成互不相關的「性狀」，這似乎既不恰當，也是不可能的。於是，我們用任何一個具體的例子，實際上說明的是，一對祖先在某個明顯的方面存在著差異（例如，一個人的眼睛是藍色的，另一個人的眼睛是棕色的），那麼，他們的後代在此方面應該非此即彼（不是有藍眼睛，就是有棕色眼睛）。我們在染色體上定出的位置，就是形成差異的位置（我們可以用技術術語稱之爲「座」（locus），如果考慮到假設的物質結構是「座」差異的基礎，也可以稱之爲「基因」）。我認爲，實際上基本的概念是性狀差異，而不是性狀本身，儘管這樣表述在語言上和邏輯上都存在明顯的矛盾，但性狀差異其實是相互獨立的，我們在下一章必須談論突變問題時，會涉及這個問題。我希望到目前爲止我所描繪的枯燥無味的機制，屆時會變得比較生動、豐富多彩。

九、基因的最大尺寸

我們剛才引用了基因一詞，來表示一定遺傳性狀的假設性物質載體。現在我們必須強調兩點，這與我們進行的研究有重大關係，第一點是這種載體的尺寸，確切些說，最大尺寸；換句話說，尺寸小到什麼程度，我們還能確定它的位置？第二點是基因的穩定性，這是從遺傳模式持久不變而推得的。

關於基因的尺寸，現在有兩種完全不同的估算方法。一種以遺傳學的例證（育種試驗）爲依據，另一種則以細胞學的例證（顯微鏡直接觀察）爲依據。第一種方法的原理十分簡單：按照上面描述過的方法，在一條特定的染色體內，確定許多不同（表現型）性狀（以果蠅爲例）在染色體上的位置以後，只要用染色體的測定長度，除以性狀的數目，再乘以染色體的截面積，即可得到我們需要的估算值。只有那些可以因互換而分離的性狀，才是不同的性狀。另一方面，我們的估算顯然只能求出一個最大尺寸，因爲隨著研究工作的進展，透過遺傳學分析而離析出來的性狀數目正在不斷增加中。

雖然另一種估算以顯微鏡觀察爲基礎，但是，實際上卻根本不算直接的估算。果蠅的某些細胞（即它的唾腺細胞）由於某種原因被極度放大，它們的染色體也是這樣。在染色體上，你可以辨認出，在纖維上密集的深色橫條紋圖案。達林頓（C. D. Darlington）曾經指出，這些條紋的數目（在他使用的實例中是二千條）雖然比較多，但是大致和育種試驗求出的、位於該染色體上的基因數目，屬於同一個數量級。他傾向於認爲，這些橫條紋就是實際的基因（或基因的間隔）。當他用在正常尺寸的細胞內測定的染色體長度，除以橫紋的數目（二千）時，他發現一個基因的體積等於邊長爲三百埃（Å）的立方體。考慮到這類估算是很粗糙的，所以我們可以認爲，上述值就等於用第一種方法求得的基因尺寸。

十、微小的數量

下面我們將充分討論的問題是，統計物理學與我所想到的各種事實的關聯，或許我應該說，應用統計物理學於活細胞這些事實的關聯。但是，此刻請允許我專注於下述事實：三百埃不過是液體或固體中一百個或一百五十個原子的距離，因此基因所含的原子數量，肯定不會超過大約一百萬或數百萬個。從統計物理學的觀點，如果要得到有秩序和有規律的行爲，這個數量嫌太少了（從$\sqrt{n}$法則來看）。即使所有原子都像氣體或一滴液體中的原子那樣，全都有相同的作用，這個數目也仍然太少了。基因當然不只是一滴均質液體，它很可能是一個大的蛋白質分子，其中的每個原子、每個原子團、每個雜環都有各自的作用，而且多少和其他類似的原子、原子團或雜環的作用不同。總之，這是頂尖的遺傳學家如霍爾丹和達林頓等人的看法，而我們即將談到一些已很接近證實這種看法的遺傳實驗。

十一、穩定性

現在讓我們來談談第二個關係重大的問題：遺傳特性的穩定度究竟如何？我們認爲，基因的物質載體必須有什麼特質？

回答這個問題，其實不需要進行任何專門的研究。當我們在談論遺傳特性時，這件事本身就表明，我們已經承認穩定性幾乎是千眞萬確的。我們一定要記住，雙親遺傳給孩子的，絕不只是諸如鷹鉤鼻、短指頭、容易患風濕症、血友病和二色性色盲（dichromasy）等特質，但是，我們卻可以方便地選擇這類特性來研究遺傳法則。可是實際上，正是這種「表現型（phenotype）」的、完整的（四維）模式，也就是個體可以觀察到的明顯特徵，世世代代重複出現，沒有什麼明顯的變化，這種情況雖然不是歷時數以萬年，但是在幾個世紀裡，卻是固定不變的。在每次傳遞中，承載這種特徵的是結合成受精卵的兩個細胞的細胞核內的物質結構。這眞是一件不可思議的事情，只有另一件事比它更不可思議；如果說兩者密切相關的話，也不能等量齊觀。我的意思是說，人類的整個生存完全是以這種不可思議的相互作用爲基礎，而我們卻依然有能力獲得很多有關這種作用的知識。我認爲，人類對於遺傳機制的了解應可不斷深入，最後達到近乎完全認識的地步；但是有關人類生存的這件事，卻很可能超出人類認知能力的範圍。

第三章　突變

你用永恆的思想
捕捉那飄忽不定的現象。——歌德

一、「跳躍」突變——天擇的基礎

爲了論證基因結構要求具備的穩定性，剛才提出的一般事實，也許過於司空見慣，引不起大家的興趣，或者被認爲缺乏說服力。常言說：「正因爲有例外，才能證明普遍存在的規律」，這次這個說法倒是千眞萬確。如果子女和父母相像，沒有出現什麼例外情況，那麼，不僅人類不能進行那些已爲我們揭示遺傳機制細節的美妙實驗，自然界也不會按照「物競天擇，適者生存」的法則，進行規模無比宏大的、形成物種的試驗。

現在讓我從剛提到的重要論題出發，來提出有關的事實。我要再次表示歉意，重申我不是生物學家。

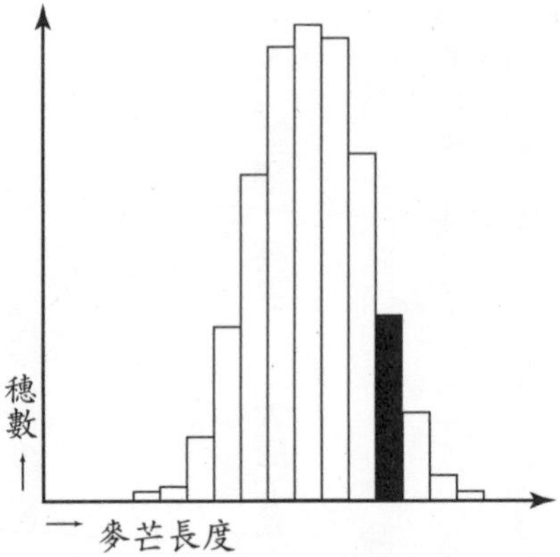

圖七　純種大麥麥芒長度統計圖。黑色那組將被選來播種。
（細節並非取自眞實實驗，僅供示意而已。）

達爾文認爲偶然發生的微小、連續變異，是天擇作用的物質基礎，那些變異即便在同質性非常高的族群中都一定會發生。現在我們知道，達爾文是錯的。因爲現已證明，這種變異不是遺傳引起的。這個事實十分重要，所以我必須簡要地加以說明。

如果你選擇一批純種大麥，一個麥穗一個麥穗地測量麥芒的長度，然後將統計得到的數據繪製成圖，你就可以得到如圖七所示的鐘形曲線圖。圖中橫軸是麥芒的長度，縱軸表示的是長有一定長度麥芒的麥穗數。換句話說，某特定中等長度佔有優勢，較長或較短的比例逐漸減少。現在挑選一組麥穗（用塗成黑色表示），其麥芒長度明顯地超過平均值，而麥穗數足夠在一塊田裡播種，長出一批新的大麥。對這批新的大麥進行同樣的統計時，達爾文也許會預料，可以發現相應的曲線右移。換句話說，他會預測，麥芒的平均長度透過選擇會增長，但是，實際使用純種培育的大麥品種，並沒有出現達爾文預測的情況。由選種的大麥所得到的新統計曲線圖，和第一條曲線完全相同；如果選擇麥芒特別短的麥穗作種子，情況也完全一樣。選種沒有產生影響，是因為微小的連續變異不是由遺傳造成的。

顯然，這種變異並非基於遺傳的物質結構，而是偶然發生的。可是，大約在四十年以前，荷蘭人德弗里斯（De Vries）發現，純系的下一代中，也有極少量的個體，比如說，萬分之二或三發生了微小的，卻是「跳躍」式的變異。「跳躍」並非表示變化相當大，而是表示變化不是連續出現的，因為在未變者和少數已變者之間，沒有中間形式存在。德弗里斯稱之為突變（mutation），突變的重要事實是，變化是不連續的。這就使物理學家想起了量子論：在相鄰的兩個能階之間，不存在其他能態，所以他會將德弗里斯的突變論比擬成「生物學的量子論」。我們以後就會看到，這絕不只是一個比喻，突變實際上是基因分子中的量子躍遷引起的。不過當德弗里斯於一九〇二年首次發表他的發現時，量子論問世才兩年，所以為了找出兩者間的密切關係，花去以後整整一代人的時間，也就不足為怪了！

二、突變可以繁殖純種，也就是說，突變完全可以遺傳

突變像不變的、原來就存在的性狀一樣，也是完全可以遺傳的。例如，在上述第一批大麥

中，也許會出現幾個麥穗，它的麥芒大大超過圖七所示的變化範圍，比如說，根本沒有麥芒。這也許就是德弗里斯所說的突變，於是就可以進行絕對的純種繁殖，也就是說，以它培育出所有的後代都是無芒的。

因此，突變肯定是遺傳寶藏內發生了變化，而且一定是遺傳物質發生某些變化引起的。其實，向我們揭示了遺傳機制的大多數實驗，就是按照預定的計畫，將突變的（或者在很多情況下，是多重突變的）個體和未突變的、或者發生不同突變的個體進行雜交，然後仔細分析透過雜交所獲得的下一代；另一方面，由於突變可以遺傳，所以是天擇可能作用的適當原料，產生新物種，就是達爾文所說的「適者生存，不適者淘汰」。在達爾文的論述中，你只需用「突變」代替他的「微小的偶然變異」（就像在量子學中用「量子躍遷」代替「能量連續轉移」那樣）即可。如果我正確地闡述大多數生物學家所持有的觀點的話，可以說，達爾文學說在其他方面幾乎都毋須修改①。

①沿著有益或有利的方向發生突變的明顯趨勢，是否有助於（如果不是代替的話）天擇，學者已經充分討論過。我個人關於這個問題的看法是無足輕重的，但是必須說明，我在下文完全沒有顧及到發生「定向突變」的可能性。再者，我在這兒不能討論「開關基因」和「多基因」的相互作用，不管這種作用對於實際的選擇機制和演化是多麼重要。

三、定位。隱性和顯性

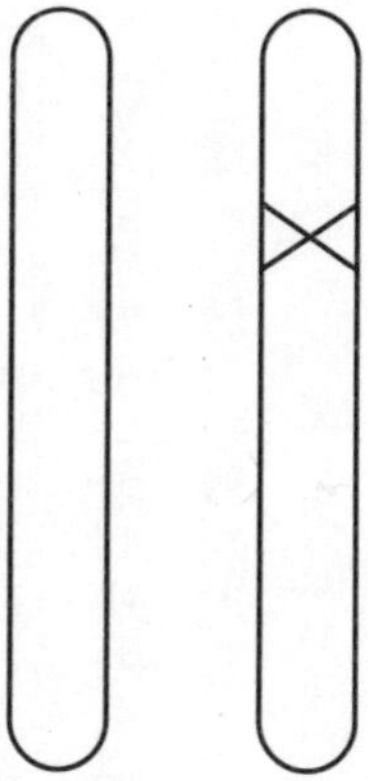

圖八　異合子突變體。叉形符號標明已突變的基因。

現在我們必須再次有點教條式地綜述有關突變的一些十分重要的事實和概念，而不去直接地逐一說明這些事實和概念是如何從實驗證明中產生。

我們應該預期，一條染色體上的一定區域內發生的變化，可以引起能看得到的、確定的突變，事實也果然是如此。我在此要強調：我們明確地知道，變化只發生在一條染色體上，其同源染色體的對應「位置」沒有發生變化，圖八說明了這種情況，其中的叉形符號表示突變「座」。當突變的個體（通常稱爲突變體，mutant）和非突變的個體雜交時，即可揭示，只有一條染色體受到影響，因爲下一代中，正好有一半顯現出突變體的性狀，另一半則顯現出正常個體的性狀。正如圖九所示，這就是突變體內發生減數分裂時，由兩條染色體分離可以預料的結果。這是一幅「系譜」（pedigree），圖譜簡單地用有關的一對染色體表示連續三代的各個個體。但是，讀者要知道，如果突變體的兩條染色體都受到影響的話，所有子女都會得到同樣混雜的遺傳性狀，這種既不同於父親，也不同於母親的遺傳性狀。

可是，在這方面進行實驗，並不像我們剛才說的那樣簡單。由於第二個重要的事實，即突變往往是潛在的，所以實驗變得複雜了；這又意味著什麼呢？

在突變體內，「兩個基因密碼版本」不再相同；不管怎樣，在發生突變的地方，它們代表了兩種不同的「文本」，或者說，兩種不同的「版本」。也許應該立即指出的是，雖然人們可能很想將原版看作是「正統」，而把突變的版本看作是「異端」；但是，這種想法是完全錯誤的。原則上，我們必須認爲，兩者的權利是相等的，因爲正常的性狀也是由突變產生的。

實際上，個體「模式」通常是仿照這種或那種版本的，它可能是正常的，也可能是突變的版本。實際

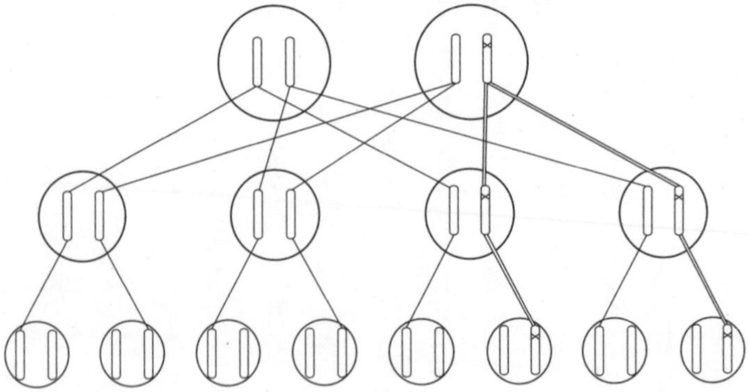

圖九　突變的遺傳。單線表示正常染色體的轉移，雙線代表突變染色體的轉移。第三代未加註明的染色體來自第二代的配偶（並未包含在此圖中）。

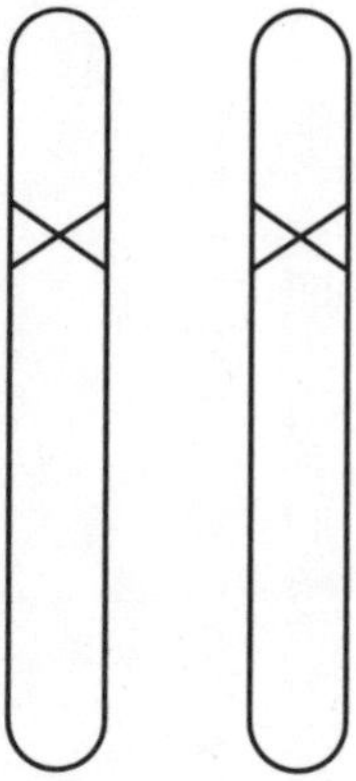

圖十 同合子突變體。來自一個異合子突變體自花受粉或二個異合子突變體雜交產生的後代中，有四分之一屬於同合子突變體。

上遵循的「版本」稱之爲顯性的，否則就稱之爲隱性的；換句話說，是根據突變是否能立即造成模式的變化而稱之爲顯性突變或隱性突變。

隱性突變甚至比顯性突變發生得更頻繁，雖然它們起初並不顯現出來，卻是十分重要的。只有兩條染色體都發生了隱性突變（見圖十），才會影響模式。當兩個都是隱性的突變體恰好相互雜交，或者一個突變體自身雜交時，才能產生這樣的個體；這在雌雄同株植物中，是可能發生的，甚至可以自發地發生。人們容易看出，在這種情況下屬於此類型的下一代約佔四分之一，而且因此明顯地表現出突變的模式。

四、介紹一些術語

我覺得在這兒解釋一些術語將有助於講清楚問題。因爲我所謂的「密碼版本」，不論是原來的版本或者是突變的版本，實際上已使用了「對偶基因」（allele）這個術語。如圖八所示，當兩個版本相異時，就該基因座而言，這個個體就稱爲異合體（heterozygote）。在非突變體內，或者如圖十所示，兩個版本相同時，它們則稱爲同合體（homozygote）。因此，只有同合體的隱性對偶基因，才會影響模式變化，然而顯性對偶基因，不論是同合體或者只是異合體，都能產生相同的模式。

有色對於無色（或白色）來說，往往是顯性的。因此，以豌豆爲例，如果豌豆的兩個染色體內，都有「顯現白色的隱性對偶基因」，也就是說它是「顯示白色的同合體」，才會開白花；於是它可以進行純種繁殖，所有的後代都開白花；但是，如果一個是「紅色對偶基因」（另一個是白色；即「異合」的），就會使豌豆開紅花；兩個都是紅色對偶基因（「同合」的），也會使豌豆開紅花。後兩種情況的差異要在後代身上才能顯示出來，那時，異合的紅花子代會開出一些白花，而同合的紅花子代則全開紅花。

兩個個體在外表上雖然完全一樣，但是它們的遺傳性狀卻可能不相同，這個事實十分重要，所以需要嚴格地加以區別。遺傳學家認爲它們的「表現型」相同，但是「遺傳型」（genotype）

相異，因此，前面幾段的內容，可以簡略地使用非常專業化的術語歸納如下：

只有當遺傳型是同合的時候，隱性對偶基因才能影響表現型。

我們有時會使用這類專業的表達方式，但是必要時，會向讀者解釋它們的含義。

五、近親繁殖的惡果

如果隱性突變是異合的，天擇就不會對它們發生作用。如果隱性突變是是有害的——突變極常如此，但是由於它們是潛在的，所以是不會被消除的，於是，很多有害的突變可以累積起來，但不會立即造成損害。不過它們必然會傳遞給後代中的一半個體，這對於人、家畜、家禽和其他任一物種都完全適用，其良好的體質與吾人休戚相關。

如圖九所示，假設有一雄性個體（具體地說，比如我自己），帶著有害的、異合的隱性突變，因而沒有顯示出來。假設我的妻子沒有這種突變，於是我們的一半子女（圖中的第二行）也會繼承這種突變，而且是異合的突變。如果我的子女再次都和非突變的配偶結婚（爲了避免混亂，圖中略去了配偶），我的孫輩中，平均有四分之一的個體會受到同樣的突變影響。

除非是和同樣受到隱性突變影響的個體相互雜交，才可能明顯看出，有四分之一的子女由於是同合體而表現出受到了損害，否則，隱性突變的惡果不會明顯的表現出來。除了自花授粉（只有雌雄同株植物才有些可能）以外，最大的危險就是，自己的親生兒子和女兒結婚。他們是否受到隱性突變的影響的機會是相等的，這種亂倫的婚姻中，有四分之一是危險的，因爲他們又會有四分之一的子女表現出不良後果，所以，對亂倫婚姻生育的子女來說，危險係數爲十六分之一。

如果我的兩個（「純血緣的」）孫兒孫女，即嫡表（或堂）兄弟姐妹結婚，他們生育的下一代，用同樣方法求出的危險係數是六十四分之一。這個機率並不算大，實際上第二種情況還常常會得到人們的寬容。可是，切忽忘記，我們僅僅分析了祖輩夫婦（我和我的妻子）的一方可能帶有一種潛在損害的後果；但事實上，兩個人很可能都有多種潛在的缺陷。如果你確定自己身上潛伏著一種缺陷，你就可以推斷，你的八個嫡表（堂）兄弟姐妹中有一個人，也存在這種缺陷。植物和動物實驗似乎都表明，除了性質嚴重、比較罕見的缺陷以外，似乎還有許多較小的缺陷，它們出現的機率組合在一起，可使整個近親繁殖的後代退化。既然我們不再想用斯巴達人（Lacedemonians）在泰格托斯（Taygetos）山慣用的那種殘酷方法消滅弱者，我們就必須特別嚴肅地對待人類發生的這些情況：最適者生存的天擇已經大大地削弱了，不，簡直是轉向了反面。在比較原始的狀況下，戰爭或許還具有使最適應的部落生存下去的積極意義，而當今各國大批健康的青年，良莠不分地遭到戰爭屠殺的後果，幾乎連這一點意義也不存在了。

六、綜合與歷史評論

令人驚訝的是，異合隱性對偶基因完全敵不過顯性對偶基因，而且根本不會發生可以看得見的效應。但是我們至少應該說明，這種變化過程也有例外：如果同合的白色金魚草和同樣是同合的深紅色金魚草雜交，所有直系後代都具中間型色彩，也就是粉紅色（而不是預期的深紅色）。血型是兩個對偶基因可以同時顯示出各自影響的更重要的例子，但是我們無法在此討論。如果以後證明隱性基因也可以分爲不同的等級，並且取決於我們用來研究「表現型」的試驗的靈敏程度的話，我是不會感到驚訝的。

我也許應該在這兒說一說遺傳學的早期歷史。遺傳學的基礎，即親代不同的性狀可以世世代代相傳的遺傳規律，尤其是隱性和顯性的重要差別，都應該歸功於當今聞名於世的奧古斯丁（Augustinian）教派的修道院院長孟德爾（Gregor Mendel, 1822-1884）。孟德爾對突變和染色體一無所知。他在布律恩①的修道院的花園裡，用豌豆作試驗。他培育了不同品種的豌豆，將它們雜交，並觀察它們的第一、二、三……代的後代。

①布律恩（Brünn），今捷克斯洛伐克的布爾諾（Brno）。——譯注

你也許會說，他實際上是利用他能在自然界中找到的現成突變體進行試驗。早在一八六六年，他就在《布律恩自然科學學會學報》（*Naturforschender Verein in Brünn*）上發表了試驗結果。當時似乎沒有人對這位修道院院長的癖好特別感興趣，當然更不會有人想到，他的發現在二十世紀會成爲一門全新的科學分支的指路明燈；毫無疑問，這是當今最令人感興趣的學科。世人

曾遺忘了他的論文，直到一九〇〇年，科林斯（Correns）於柏林、德弗里斯於阿姆斯特丹、切爾馬克（Tschermak）於維也納，三人分別同時重新發現這篇論文。

七、突變是罕見事件的必要因素

迄今爲止，我們往往將注意力集中在有害的突變方面，這種突變可能較多；可是必須明確指出，我們確實也會碰到一些有利的突變。如果自發突變是新物種演化過程中的一小步，我們得到的想法是：某些變異是以偶然的方式，冒著可能受到損害因而被自動淘汰的風險而進行的試驗。這說明了十分重要的一點，即爲了成爲天擇的適當原料，突變必須成爲罕見的事件，而它們的確如此。如果突變頻繁發生，以致同一個體很可能發生，比如說，十多次不同的突變，而有害的突變通常又比有利的突變佔有優勢，那麼，物種就不能透過天擇而改良，而會停滯不前，甚至滅亡。基因高度的穩定性導致基因相對的保守性，這點十分重要，從工廠的大型生產設備的運轉中，我們可以找到類比。爲了創造更好的生產方法，即使在沒有得到證明以前，也必須進行技術革新試驗。可是，爲了確定革新項目是提高還是降低了產量，必須一次只採用一項技術革新，而生產機制的其他部分仍要維持現狀。

八、X射線誘發的突變

我們現在必須綜述一系列極其精巧的遺傳研究工作，它們對我們的分析是最重要的。

透過X射線或γ射線照射親代，後代產生突變的百分比，即所謂的突變率，可以比很低的自然突變率高很多倍。這樣產生的突變和自發產生的突變毫無差別（除了突變數量較多以外），於是人們可以推論出，每種「自然」突變均可以用X射線誘發產生。大量培育的果蠅，可以反覆地自發產生很多特殊的突變，正如第二章第七、八節所述，它們在染色體上有確定的位置，並且被賦予了專門名詞。人們甚至還發現染色體有所謂的「複對偶基因」，也就是說，在染色體內同一位置上，除了正常未突變的「版本」以外，還有兩種或多種不同的「版本」；這意味著在那個特定的「座」上，不僅有兩個、而且可能有三個或多個可供選擇的「版本」，當其中的兩種「版本」在兩條同源染色體對應位置上同時出現時，它們相互之間就形成了「顯性—隱性」關係。

從X射線誘發突變的實驗可得如下概念：在下一代形成以前，用一個單位劑量的X射線照射親代以後，每種特定的「轉換」，例如從正常體變成特定的突變體，或者相反，都有其特定的「X射線係數」，它表示用這種特殊方法產生突變的下一代的百分率。

九、第一法則：突變的單一性

此外，控制誘發突變率的法則是十分簡單而富啓發性的。這裡我所參考的是，一九三四年的《生物學評論》第九卷（*Biological Reviews*, vol. IX, 1934）中鐵莫菲耶夫（N. W. Timoféëff）的報告，這篇報告很大程度上論及作者本人的出色工作。第一法則是：

（一）誘發突變率的增長，與射線劑量嚴格地成正比，事實上（就如我所做的）可以稱之為增長係數。

我們對於簡單的比例已經習以為常，因此，很容易低估這條簡單法則的深遠意義。為了理解這一點，我們可以聯想一下，例如一批貨的價格並不總是和其數量成正比，平常店主可能因為你買了六個橘子而十分感動，當你竟然決定要買一打時，他跟你收的錢可能還不到六個橘子的兩倍。如果在缺貨時，就可能發生相反的情況。在目前情況下，我們可以推斷，當輻射的前一半劑量，比如說，引起了千分之一的後代發生突變，但對其餘的毫無影響，既不會使它們容易發生突變，也不會使它們免除突變。否則，後一半劑量就不會再次恰好引起千分之一的後代發生突變。因此，突變不是由連續的小劑量輻射相互加強而產生的累積效應。突變的要素一定是照射期間在染色體內發生的某種單一事件，那麼，這是哪一類事件呢？

十、第二法則：突變的定域性

第二法則對這個問題作出如下的回答：

（二）如果你在很大範圍內改變射線的性質（波長），從軟性X射線到高硬性 γ 射線，只要你以所謂倫琴單位計算，供給相等的劑量，則係數仍然保持不變。也就是說，只要在親代受到射線照射的期間及其受照射的地方，用經過適當選擇的標準物質中每單位體積中產生的離子總數來測定該劑量，則係數仍然保持不變。

我們選擇空氣作爲標準物質，不僅是爲了方便，也因爲組成有機組織的元素的原子量與空氣的相等。只要將空氣中的電離數乘以密度比，就可以求出有機組織中電離作用或類似過程（激發）總數的下限值①。因此，引起突變的單一事件正是生殖細胞某一「臨界」體積內發生的電離作用（或類似過程），這一點是十分明顯的，而且可以透過比較嚴格的研究得到證明。這種臨界體積有多大？我們可以從觀察到的突變率，根據以下考慮，估算出臨界體積：

如果每立方公分內含五萬個離子的劑量，能使（位於射線照射區內的）任一特定配子以特定的方式產生誘發突變的可能性僅爲千分之一，那麼，我們可以得出結論：臨界體積——也就是誘發突變的電離作用必須「擊中」的「目標」的體積——僅爲五萬分之一立方公分乘以千分之一，也就是五千萬分之一立方公分。這些數字並不是正確的，只是用來說明問題而已。

①因爲其他這類過程不能用電離測量，但對產生突變也可能是有影響的，所以稱之爲下限值。

在實際估算時，我們常採用德布呂克（M. Delbruck）估算法，這是在德布呂克、鐵莫菲耶夫和齊默爾（K. G. Zimmer）合著的一篇論文①中提出來的，這篇論文也是以下兩章裡我們要詳細闡述的理論的主要來源。他在論文中求得的體積僅爲平均原子距離之十倍的立方，因此，僅包含約10^3＝1000個原子。這個結果最簡單的解釋是：當離染色體上某一點不超過大約十個原子距離的範圍內發生電離作用（或激發）時，很可能產生誘發突變。現在我們就詳細地來討論這一點。

① *Nachr. a. d. Biologie d. Ges. d. Wiss. Göttingen*, 1 (1935), 189.

鐵莫菲耶夫的報告中包含了一點切合實際的啓示，我在這裡不得不提一下，雖然這和我們目前的研究肯定沒有什麼關係。現代生活中，一個人有很多機會接觸到X射線，眾所周知X射線的直接危害，包括諸如燒傷、X射線癌症、不能生育等等，因此，經常接觸X射線的護士和醫生們，專門配備了鉛屏蔽、灌鉛的圍裙等等防護設備。問題在於，即使可以成功地防止個體面臨的緊迫危險，但是似乎還存在生殖細胞裡發生微小而有害的突變的間接危險，這就是我們在談到近親繁殖的惡果時所面對的那種突變。說得過火些，也許這個說法還有點天眞，如果祖母長期當X射線的護士，孫輩的嫡表（堂）兄弟姐妹結婚，後代近親繁殖的危害會大大地增加。雖然每個人不必都爲這個問題憂心忡忡，但是對整個社會來說，因有害的潛在突變而對人類逐步產生影響的可能性，卻是一個關係重大的問題。

第四章　量子力學的論據

任思緒展開想像力的翅膀，
在形象比喻的領域裡翱翔。——歌德

一、古典物理學無法說明基因的穩定性

生物學家和物理學家共同努力，借助神奇、精巧的X射線儀器（物理學家想必還記得，三十年前這種儀器曾詳細地揭示了晶體的原子晶格結構），最近已成功地降低了「基因尺寸」的上限值，即決定個體某一具體宏觀特性的、微觀結構尺寸的上限值，並已降低到遠遠小於第五十七至五十八頁求得的估算值。我們現在必須認眞對待的問題是：基因結構似乎只包含爲數不多的原子（一千個左右，也可能少得多）；然而基因卻能表現出最有規律的活動，而且具有近乎奇蹟的持久性，或穩定性，從統計物理學觀點來看，我們如何使兩方面的事實協調一致呢？

讓我再來說明一下這種令人驚奇的現象。哈布斯堡王朝（Habsburg dynasty）的一些成員有

特別難看的下嘴唇（「哈布斯堡嘴唇」），在王室的贊助下，維也納皇家學院仔細研究了它的遺傳特性，並連同歷史肖像一起發表了研究結果。這種特徵原來就是正常唇形基因的孟德爾對偶基因引發的。如果我們看過十六世紀王室成員的肖像及十九世紀的後裔肖像，就可以很有把握地肯定，決定這種異常特徵的基因物質結構在數世紀內一代代地傳遞下來，於其間為數不多的細胞分裂中，每次都被精確地複製了。此外，有關基因所包含的原子數目，和用X射線測試所得到的數量可能是差不多的。此期間內基因始終處於華氏九十八度左右的溫度（即一般溫血動物的體溫）之下，但幾個世紀以來，這種基因卻能夠保持不受熱運動無規則趨勢的擾亂，我們又該如何理解這一切呢？

在上（十九）世紀末，物理學家如果只準備用他能夠說明和真正理解的那些自然法則，是無法解答這個問題的。其實，用統計學稍做分析後，他就可以得到所需要的答案（正如我們將看到的正確答案）：基因這種物質結構只有可能是分子。當時，化學已經廣泛了解到原子集合體的存在，及其具有的高度穩定性，不過，這些認識是完全以經驗爲基礎的。人們還不知道分子的性質，對大家來說，維持分子形狀的原子之間相互牢固的鍵合，還是一個複雜的難題。事實上，上述答案已被證明是正確的，但是如果把令人迷惑不解的生物學穩定性追溯到同樣令人迷惑不解的化學穩定性，這個答案的價值就很有限了。如果以同一個原理爲基礎去論證兩種表面相似的特性，而這個原理本身還是未知的，則這種論證總是靠不住的。

二、量子論可以說明基因的穩定性

在這種情況下，量子論提供了證據。根據現在的認識，遺傳機制與量子論有密切關係，不僅如此，遺傳機制正是建立在量子論的基礎上。量子論是蒲朗克（Max Planck）於一九〇〇年發現的，現代遺傳學則起源於一九〇〇年德弗里斯、科林斯和切爾馬克重新發現孟德爾的論文，以及德弗里斯於一九〇一年到一九〇三年間發表的關於突變的論文。因此，這兩門偉大的學科幾乎是同時產生的，而兩者必須達到一定的成熟度，才能發生聯繫，也就不足爲奇了。在量子論方面，經過四分之一世紀以上的時間，直到一九二六至一九二七年，才由海特勒（W. Heitler）和倫敦（F. London）提綱挈領地闡述了化學鍵之量子基礎的一般原理。海特勒—倫敦理論，涉及最近發展出的量子論（稱爲「量子力學」或「波動力學」）中最深奧複雜的概念，不用微積分幾乎無法闡述這個理論，或者說，至少需要另外一本與本書一樣的小冊子。不過幸好由於所有的工作都已完成，我們的思想因此釐清了許多，所以現在有可能選出最顯著的概念，即「量子躍遷」，並直截了當指出它和突變的關聯。這就是我在此處所想做的。

三、量子論—離散態—量子躍遷

量子論的偉大發現在於，從大自然這本書中揭示了離散特性；而根據當時所持的觀點，自然界中除了連續性以外，其他一切似乎都是無稽之談。

第一個這類事例與能量有關。從宏觀上說，物體的能量是連續變化的，例如，擺動中的擺受到空氣阻力會逐漸變慢。但十分奇怪的是，事實證明原子尺度的體系卻有不同的行為。根據在這兒無法詳細闡述的理由，我們必須假設，一個微小系統天生只能具有特定份額的不連續能量，稱為該系統的特定能階。由一種狀態轉變為另一種狀態是相當神祕的事件，通常稱之為「量子躍遷」。

但是能量並不是系統唯一的特性，我們仍以擺為例，但是設想它能夠進行各種形式的運動。從天花板上垂下一根繩子，懸掛一個重球，它可以作南北、東西或其他任意方向、呈圓形或橢圓形的運動。利用風箱輕輕地向球吹氣，它就可以連續地由一種運動狀態轉變成另一種運動狀態。

對於小尺度系統來說，多數這樣或類似的特性，都是不連續地發生變化——我們對此無法詳述。就像能量一樣，這些特性也是「量子化」的。

結果是當許多原子核，包括其周圍的電子，相互靠近形成「一個系統」時，就其本質而言，它們不可能如我們也許會認為的那般採用任意組態（configuration）；正是其本性使它們只能從一系列數量十分巨大，但卻是不連續的「狀態」中進行選擇①。我們通常把這些不連續的狀態稱為「階」或「能階」，因為能量是這種特性中至關重要的部分。但是我們必須懂得，如果要作全面性的敘述，內容就比只談能量要廣泛得多。事實上，把一個「態」看成所有微粒形成的某種組態，是十分正確的。

①我現在採用的是通俗化論述所使用的方法，因爲這樣對我們此處的目的已經足夠，可是，我仍然爲這樣做而感到不安。實際情況要複雜得多，因爲其中涉及到系統狀態偶然具有的「不確定性」(indeterminateness)。

從一個組態轉變到另一個，就是量子躍遷。如果後者的能量較高（即能階較高），該系統就必須從外界獲取至少兩個能階間的能量差額，才有可能躍遷。系統以輻射消耗掉多餘的能量後，可以自發地降至較低的能階。

四、分子

在一組不連續的原子狀態中，未必一定，但是有可能存在一個最低能階，這表示這組原子的原子核都已相互緊密地靠攏，這種狀態下的原子就形成一個分子。這兒需要強調的是，分子必須具有一定的穩定性，除非外界至少能提供必須的能量差額，使它能「躍升」到相鄰的較高能階，否則組態不會改變。因此，能階差是一個嚴格定義的量，它定量地決定分子的穩定程度。由此可見，這個事實和量子論的基礎，也就是能階體系的不連續性，有著多麼密切的關係。

我必須告訴讀者：上述這些看法已經過化學事實的徹底檢驗，不須懷疑；而且在說明化學原子價的基本事實，以及有關分子結構、分子的結合能、分子在不同溫度下的穩定性等許多細節方面，也都證明是成功的。我現在說的是海特勒—倫敦理論，之前已經提過，我們在此無法對這個理論作詳細探討。

五、分子的穩定性取決於溫度

爲了解決先前提出的生物學問題，我們只要研究一下最關重要的一點，也就是分子在不同溫度下的穩定性就夠了。假設我們的原子系統起初確實處於最低能階狀態，也就是物理學家稱爲絕對溫度零度下的分子。爲了將該體系提升到相鄰的較高狀態或能階，必須供給一定的能量，而最簡單的供能方法，就是給分子「加熱」。你可以將分子置於溫度較高的環境（「熱庫」）中，從而使其他系統（原子、分子）去碰撞它。由於熱運動完全不規則，所以沒有一定的溫度必然且立即造成「躍升」。準確地說，在任何溫度下（除絕對零度以外），都有一定的、或大或小的躍升可能性，當然「熱庫」溫度越高，躍升的可能性就越大。表達這種可能性的最好方法是，指明能階開始躍升以前，你必需等待的平均時間，即「期待時間」（time of expection）。

根據博蘭霓（M. Polanyi）和魏格納（E. Wigner）的研究①，「期待時間」主要取決於兩種能量之比，一種就是影響能階躍升所需的能量本身（用W表示），另一種是表徵給定溫度下熱運動強度的能量（以T表示絕對溫度，kT表示特徵能量）②。下述是理所當然的：「躍升」所需的能量差與平均熱能相比越高的話，即$W : kT$的比值越大，則實現躍升的可能性越小，因而期待時間就越長。不可思議的是，$W : kT$比值相對而言的小變化竟會對期待時間產生極大的決定作用。現舉例說明（按照德布呂克的例子）如下：當W等於kT的三十倍時，期待時間可能短到只有十分之一秒；可是當W等於kT的五十倍時，期待時間卻增加到十六個月，而當W等於kT的六十倍時，期待時間竟長達三萬年！

① *Zeitschrift für Physik*, Chemie (A), Haber-Band (1928), p. 439.

② k是一個已知常數，稱之爲波茲曼常數，$\frac{3}{2}kT$就是在絕對溫度T的情況下，一個氣體原子的平均動能。

六、數學插曲

對於那些對數學語言感興趣的讀者來說，我還是用數學語言說明期待時間對能階或溫度變化的高度敏感性的理由爲好，同時，我還要再補充一些類似的物理學說明。其理由是，稱爲t的期待時間透過指數函數關係依賴於比值W/kT，於是

$$t = \tau e^{W/kT}$$

其中τ是10^{-13}或10^{-14}秒的微小常數。因此，這個特定的指數函數不是偶然來的，它在熱統計學中反覆出現，事實上已成爲其基石。這個指數函數的倒數測量的是W出現的機率，W是系統中某一

部分的能量。從公式可看出，當W是kT的好幾倍時，其出現機率很小。

實際上，$W=30kT$（見上面引用的例子）出現的機率已是微乎其微，但尚未導致很長的期待時間（在我們舉的例子中，只為十分之一秒），這當然是因為係數τ很小。此係數也具有物理學含義，它與系統中持續產生的振動之週期為同一個數量級。你可以概括地敘述這個係數，即：積蓄所需的能量W的可能性雖然很小，但是在每次振動中都要考慮，而在每秒鐘大約有10^{13}或10^{14}次的振動。

七、第一點修正

在提出上述根據作為分子穩定性的原理時，不言而喻，我們稱之為能階「躍升」的量子躍遷，如果不會引起完全裂變的話，至少也會導致相同的原子具有本質上不同的組態，也就是化學家所稱的「同分異構的分子」（isomeric molecule），即由相同的原子按不同排列所組成的分子（應用於生物學時，這種分子就相當於同一個「座」上不同的對偶基因，而量子躍遷則相當於突變）。

為使上述解釋可以成立，我們剛才的論述有兩點必須加以修正，因為要使人們明白易懂，我有意把它說得簡單些。從我已作的論述中，人們也許會想像，原子群只有在最低能階狀態下，才構成我們所謂的分子，相鄰的較高能階的狀態則是「別的東西」。事實並非如此，實際上，最低

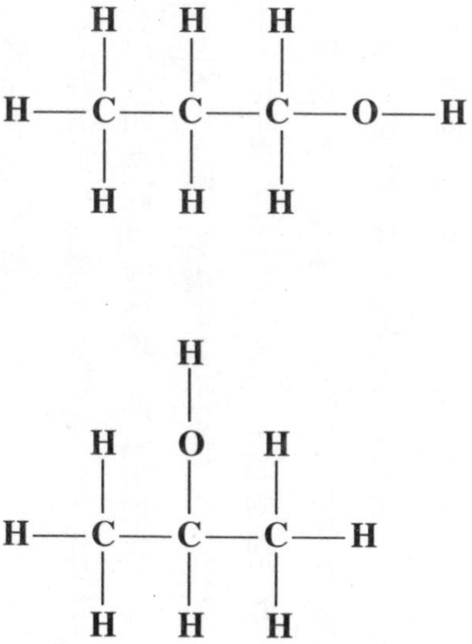

圖十一　兩種丙醇的同分異構物

能階後面還有一連串密集的能階，它們並不涉及整個組態的任何明顯變化，只不過表示我們前面提及的原子間的微小振動。這些能階也是「量子化的」，只是相鄰能階之間的差距小許多而已；因此，在很低的溫度下，來自「熱庫」粒子的碰撞就足以導致組態的變化。如果分子具有一種延伸的結構，你可將這種振動想像成能穿過分子，但不會對它造成任何損害的高頻聲波。

所以第一點修正不是太要緊，我們不必去理會能階體系的「振動精細結構」。至於「相鄰的較高能階」這個術語，我們必須解釋成：和重要的組態變化對應的相鄰能階。

八、第二點修正

第二點修正更難解釋清楚，因爲這關係到各種相關能階組成的體系特性，它們十分重要但又相當複雜。兩個能階間可能另有障礙，不能夠只考慮它們的能量差，甚至由較高能階轉變到較低能階也會受到阻礙。

讓我們從經驗事實開始談起。化學家都知道，同一群原子可以用多種方式組合成分子，這種分子就叫做同分異構物（即「由相同成份構成的」；希臘文 ἴσος 表示「相同」，μέρος 則表示「成分」）。同分異構現象不是特例，而是一種法則；分子愈大，可供選擇的同分異構體愈多。圖十一說明最簡單的例子之一，即兩種丙醇，它們都含有三個碳（C）原子、八個氫（H）原子與一個氧（O）原子①。氧原子可以任意插在氫和碳原子之間，但是只有圖示的兩種情況才會構成兩種不同的物質。事實也確實如此，這兩個同分異構物所有的物理和化學常數截然不同，就連能量也不同，代表了「不同的能階」。

①演講時，我展出了以黑色、白色和紅色的木球分別代表碳原子、氫原子和氧原子的模型。本書沒有繪製模型圖，因爲模型圖看起來不會比圖十一更像實際的分子。

值得一提的是，這兩種分子都十分穩定，兩者都現得好像是處於「最低階狀態」。不存在從

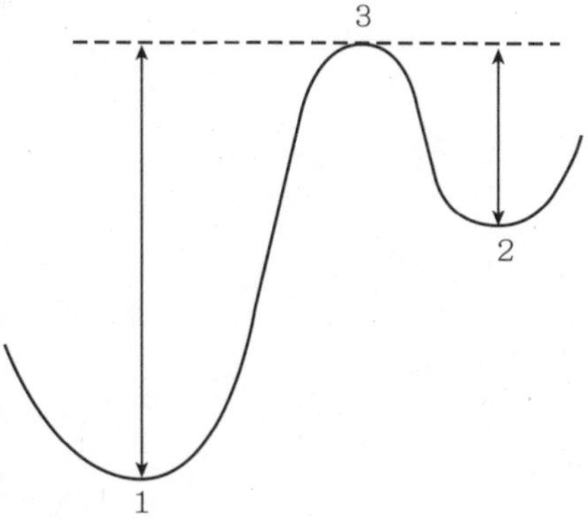

圖十二　在同分異構物能階（１）和（２）之間的能閾（３）。
箭頭表示躍遷所需的最低能量。

一種狀態到另一者的自發躍遷。

原因在於這兩種組態不是相鄰的組態，必須透過中間組態才能轉變爲另一種組態，而中間組態的能量比這兩種組態的能量都高。簡單地說，要讓氧原子從一個位置上抽出來，再插到其他位置上，若不經過能量高得多的組態，這種轉變似乎就不會實現。實際情況有時就像圖十二所示，其中１和２代表兩個同分異構物，３代表１和２的閾（threshold），兩個箭頭表示「躍升」，也就是由狀態１到狀態２，或由狀態２到狀態１的躍遷所需要提供的能量。

現在我們可以提出第二點修正，即：這種「同分異構」的轉變，才是我們在生物學應用方面唯一感興趣的，因爲這正是我們在第八十一至第八十三頁說明穩定性時所想到的轉變。我們所指的「量子躍遷」就是由一種相對穩定的分子組態轉變成另一種組態，供給轉變所需的能量（以W表示的量）並不是實際的能階差，而是由初始能階上昇到閾的躍變（見圖十二的箭頭）。

由初始狀態到最終狀態之間沒有閾介入的轉變是全然無趣的，這一點不僅在生物學上適用。事實上，這些轉變對化學分子穩定性也是不起作用的。爲什麼呢？因爲轉變沒有持久的效果，通常不會引起人們注意。若沒有閾介入，轉變發生以後，幾乎會立即回復到初始狀態，因爲沒有什麼東西可以防止它們故態復萌。

第五章 對德布呂克模型的探討與檢驗

沒有光明就顯不出黑暗，同樣，沒有真理作標準，就無法判斷錯誤。

——斯賓諾莎《倫理學》第二部分，命題四十三

一、遺傳物質的一般圖像

根據前一章的敘述，我們對下述問題會有簡明的答案：遺傳物質不斷地處於熱運動的干擾影響之下，那麼，由較少原子組成的這類結構，能不能長期承受熱運動的干擾影響呢？現在我們假設基因結構是一個巨大的分子結構，只能發生不連續的變化，這種變化在於原子重新排列組合，從而產生出同分異構①的分子。重新排列也許只會影響基因一個很小的部位，而且可能有很多種不同形式的排列。使實際組態和任何可能的同分異構組態分開的能閾（與原子平均熱能相較之下）必須足夠高，因而組態間的轉變就成了罕見的事件。我們認爲，這類罕見的事件就是自發性突變。

①雖然排除它和環境交互作用的可能性是荒謬的，但爲了方便起見，我將繼續稱它爲同分異構轉變。

本章後面幾個部分，將經由基因及突變的整體構想（主要由德國物理學家德布呂克提出的）和遺傳學的事實進行比較，而檢驗此一圖像。在此之前，我們將適當地說明這個理論的基礎和一般性質。

二、此圖像的獨特性

對生物學問題追根究柢，並且將圖像建立在量子力學的基礎上，是絕對必要的嗎？我敢說，基因是分子的推測在今天已成了老生常談，極少生物學家會對此有異議，不論他是否熟悉量子論都一樣。在第七十八頁中，我們曾大膽地假設，量子論問世以前的物理學家就提出了這種推測，並以此作爲說明基因穩定性的唯一理由。後來談到的同分異構性、閾能、$W:kT$ 比值在決定同分異構轉變機率中的主要作用等等，所有這一切見解都完全可以在純經驗基礎上提出來，完全用不著量子論。既然我在這本小冊子裡不能眞正講清楚量子力學的觀點，而且很可能使很多讀者感到厭煩，那麼，我爲什麼還要強烈地堅持運用量子力學的觀點呢？

量子力學是透過一些基本原理來說明自然界中實際遇到的原子集合體的第一個理論觀點。海特勒—倫敦鍵是這種理論獨一無二的特徵，而這個理論並不是爲了說明化學鍵才提出來的。海特勒—倫敦鍵不用強求就可從量子論推演出來，這實在是很有意思的。事實證明，它與觀察到的化學事實完全符合，而且正如我所說的，它是量子論的一個特徵。我們對這個特徵已經了解得非常透徹，我們有把握說，在量子論爾後的發展中，「類似事情再也不會發生」。

因此，我們可以有把握地斷言，用分子解釋遺傳物質是唯一的辦法。物理上沒有其他方法足以說明遺傳物質的穩定性；如果德布呂克的圖像不成立，我們就不得不放棄進一步的努力。這是我想說明的第一個論點。

三、一些傳統的錯誤概念

也許有人會問：除了分子以外，難道眞的沒有既由原子組成，又能持久不變的其他結構嗎？例如埋在墳墓裡長達幾千年的金幣，上面不是還保留著模壓肖像的面部輪廓嗎？金幣的確是由大量的原子構成的，但是在這個例子裡，大家一定不會贊成將這種僅僅是形狀上的保存歸因於大數的統計行爲。這種看法同樣適用於蘊藏在岩石中的晶瑩晶體，它們在岩石裡肯定已經歷了若干地質時期，而沒有發生變化。

這就引出了我想闡明的第二個論點：分子和固體、晶體的情況沒有眞正的差異，根據現在的知識，它們實質上是一樣的。遺憾的是，學校的教學總堅持多年以來早已陳腐的某些傳統觀點，使人無法了解實際的情況。

的確，我們在學校裡學到有關分子的知識，沒有告訴我們以下的觀點：分子與固態的相似程度，比分子與液態或氣態的相似程度更加接近。相反地，學校教導我們要仔細區分物理變化和化學變化，在諸如熔化或蒸發等物理變化中，分子總是被保存下來（因此，例如酒精不論是固體、液體或氣體狀態，都由相同的分子，即C_2H_6O組成），而以酒精燃燒的化學變化爲例，即

$$C_2H_6O+3O_2 \rightarrow 2CO_2+3H_2O$$

其中的酒精分子和三個氧分子重新排列，組成了兩個二氧化碳分子和三個水分子。

我們學到關於晶體的知識是，它們構成了三維週期性晶格，其中的單個分子的結構有時——比如酒精和多數有機化合物——是可以識別的；而其他晶體，例如岩鹽（氯化鈉，NaCl），其分子就不能明確地劃定界限，因爲每個鈉（Na）原子被對稱的六個氯（Cl）原子包圍著，反之亦然，所以哪一對鈉和氯可以看成單位分子，其實是隨我們挑的。

最後，我們還知道，固體可能是晶狀的，或者不是晶狀的，我們稱後一種情況是非晶形的（amorphous，無定形的）固體。

四、不同的物「態」

到目前爲止，我還不至於認爲所有這些論點和區別都是錯誤的，它們在實際應用中，有時還是有用的。可是，從物質結構的根本原理來說，我們可以有另外的看法。根本差別就在下面兩行「方程式」之間：

分子＝固體＝晶體

氣體＝液體＝非晶形固體

我們必須簡單地說明這兩行「方程式」。所謂的非晶形固體，或者不是眞正的非晶形，或者不是眞正的固體。在「非晶形」木炭纖維中，X射線已發現了石墨晶體的基本結構，所以木炭是固體也是晶體。倘若我們沒有找到晶體結構，就得把它看作是「黏度」（內摩擦）極高的液體，由於這樣的物質沒有確定的熔化溫度和熔化潛熱，所以它不是眞正的固體，在加熱後，它會逐漸軟化，慢慢地變爲液體。（我記得在第一次世界大戰末期，我們在維也納得到一種像瀝青一樣的東西，作爲咖啡的代用品。這玩意兒很硬，你非得用鑿子或手斧，才能將這塊「小磚頭」砸成碎塊，那時候它才會露出龜殼狀、平滑的裂縫，可是，經過一定的時間，它就會變成液體。如果你呆呆地把它放在容器裡，擱上幾天，它就會嚴嚴實實地黏在容器的底部。）

氣態和液態的連續性是人所共知的事實，如果能使氣體達到所謂的臨界點左右，就可以使任何氣體不斷地液化。但是我們對這個問題不能詳述。

五、眞正重要的區別

我們已經在上面的概述中論證，除了主要之點以外，其餘都是有道理的。這個主要之點就是：我們希望把一個分子既看成是固體，又是晶體。其理由是，性質完全相同的力，將原子（無論原子數量是多是少）組成了分子，也將大量的原子組成了眞正的固體，即晶體。分子具有晶體一樣的結構穩固性，而且不要忘記，我們正是利用這種穩固性說明基因的恆久性！

物質結構中眞正重要的區別在於：原子是不是由「有穩固作用」的海特勒—倫敦力結合在一起。在固體和分子中，原子都是由這種力結合的，但是單原子氣體（例如汞蒸汽）就不是這樣。在由分子組成的氣體中，只有每個分子中的原子，才是以這種方式結合在一起的。

六、非週期性固體

微小的分子可以叫做「固體的種子」，從這種微小的固體種子開始，似乎有兩種不同的方式，可以構成越來越大的集合體。一種是比較單調無趣的方式：在三個方向上，不斷地重複相同的結構，這就是晶體成長所採用的方式。在這種方式中，一旦週期形成，集合體的大小就沒有一定限度了。另一種方式是，不用單調的重複手段，去構成愈來愈延伸的集合體。越來越複雜的有機分子就是用這種方式，其中每個原子、每個原子群都有各自的作用，和許多其他原子和原子群的作用不完全相同（在週期性結構中，通常每個原子或原子群的作用完全相同）。我們可以完全恰如其分地稱這種分子爲非週期性晶體或固體，而將我們的假設表述如下：我們相信基因——或許整個染色體纖維①——就是一種非週期性固體。

①染色體纖維十分柔韌並不構成反對理由，因爲細銅絲是固體，可是也非常柔韌。

七、壓縮在微型密碼中的繁複內容

人們常常會問，像受精卵細胞核這麼小的物質微粒，怎麼能包含涉及有機體未來全部發育的複雜密碼呢？我們可以想像，受精卵細胞核的物質結構似乎只能是一種具有足夠的抗力，可以永遠保持其秩序的井井有條的原子集合體；這種物質結構提供了各式各樣儘可能多的（「同分異構」）排列，足以在小小空間範圍內，納入一個具有「決定」作用的複雜系統。其實，這樣的結構並不需要數量很多的原子，便可產生幾乎無窮的可能排列。爲了說明這一點，可以想想摩斯電碼。用點（·）和劃（—）兩種不同的符號，編成每組不超過四個符號的有序排列，就可產生30個不同種類的電碼組。除了點和劃以外，如果再使用第三種符號，且每組不超過十個符號，就可以編製88,527個不同的「字母」；如果使用五個符號，每組不超過25個符號，「字母」數量就將多達372,529,029,846,191,405個。

也許會有人提出非議，認爲這種比喻有缺點，因爲摩斯符號可以有各種不同的組合（例如三個符號的組合·——和··—），因此，用它與同分異構現象作類比是不恰當的。爲了彌補這個缺陷，讓我們從使用五個符號的第三個例子中，只挑出滿25個符號的組合，而且在五種規定符號中，每種符號正好各有五個的那類組合（例如，有五個點、五個劃……等等）。粗略計算求出的組合數爲62,330,000,000,000個，其中後面的「0」代表我沒仔細算出來的具體數字。

當然，實際上絕非原子群的「每一」種排列即代表一種可能的分子；再者，這也不是可以隨意採用的代碼問題，因爲基因密碼本身必須是能夠促進發育的因素。但是，另一方面，上述例子所選擇的數量（25）仍然很小，而且我們只假設了在一條直線上的簡單排列。我們僅僅希望說明，由於有了基因是分子的圖像，不難想像，微型密碼應精確地和十分複雜及特定的發育藍圖相對應，而且多少應包含實施這個計畫的步驟。

八、理論構想與事實比較：穩定度；突變的不連續性

現在，我們終於可以將理論圖像和生物學事實進行比較了。顯然，第一個問題就是，理論圖像能否眞正說明我們觀察到的遺傳基因的高度穩定性。所需要的閾值高達平均熱能kT的許多倍，這合理嗎？這些閾值是否在普通化學已知的範圍之內？這些問題簡單至極，無需查表，就可以肯定地回答。化學家在給定溫度下分解出來的任何一種物質的分子，在該溫度下至少有幾分鐘的壽命（這是一種較妥當的說法，一般說來，分子的壽命要長得多）。因此，化學家遇到的閾值必須精確地達到所要求的數量，以便能夠實際說明生物學家可能遇到的任何穩定度問題。因爲我們可以回想第八十三頁已談及，變化範圍約爲一：二的閾值，可以說明由幾分之一秒到數萬年的、長短不一的壽命。

不過爲了將來參考起見，讓我再提一提這些數字。第八十三頁以舉例方式提出的*W*/*kT*比值，

即

$$W/kT=30, 50, 60$$

分別給出的壽命是1/10秒、16個月和3萬年。

在室溫下，對應的閾值分別是0.9、1.5、1.8電子伏特。

我們必須解釋一下「電子伏特」（electron-volt）這一單位。對物理學家來說，用它作單位是十分方便的，因爲它容易想像，例如第三個閾值（1.8）表示，一個用2伏特左右的電壓加速的電子，就可以正好獲得足夠的能量，以便通過碰撞，引起轉變。（爲了進行比較，我們以普通袖珍手電筒電池［A3電池］爲例，它的電壓爲3伏特。）

根據這些理由，我們可以想像，因振動能的隨機漲落而引起的人體分子某些部分組態發生同分異構的變化，實際上可能就是可以解釋爲自發性突變的十分罕見的事件。因此，我們正是利用量子力學原理，來說明關於突變的最驚人的事實，那就是突變是「躍遷」式變異，沒有中間形式，這是首先引起德弗里斯注意的事實。

九、天擇揀選出來的基因非常穩定

在發現各種游離射線（ionizing ray）可以提高自然突變率以後，人們也許認爲，自然突變率

是土壤和空氣的放射性及宇宙輻射造成的。可是與X射線的實驗結果作定量對比，卻說明「自然輻射」過於微弱，只能說明一小部分的自然突變率。

假設我們必須用熱運動的隨機漲落來解釋罕見的自然突變，那麼，對於大自然成功地精心挑選了必要的閾值，使突變十分罕見，就不會令我們感到十分驚訝了。因爲我們在先前的章節中已經得出下述結論：頻繁的突變對演化是有害的。透過突變獲得不夠穩定的基因組態的個體，幾乎不可能看到它們「過激」地、快速地突變的後代能夠長期生存下去。天擇使物種擺脫不穩定的突變，累積穩定的基因。

十、突變體有時較不穩定

但是，就育種實驗中出現的，我們爲研究它的後代而選作突變體的個體而言，我們當然沒有理由期望它們都能顯示出很高的穩定性。或許由於突變的可能性太高，它們還沒有通過「試煉」，或者，要是它們已經受過「試煉」了，在野生種中都會遭到「淘汰」。然而要是有些突變體，其體內基因突變的可能性比正常個體高，我們一點也不會感到驚訝。

十一、溫度對不穩定基因的影響不如對穩定基因影響大

這一點使我們能夠檢驗突變率公式，即

$$t = \tau \ e^{W/kT},$$

（我們還記得，t是閾能爲W時，突變的期待時間）我們會問：t如何隨著溫度變化呢？透過以上公式，我們可以容易地找到，溫度爲T+10時的t值與溫度爲T時的t值有十分近似的比值，

$$t_{T+10} / t_T = e^{-10W/kT^2}$$

由於指數爲負，比值當然小於1。隨著溫度上升，期待時間便減少，而突變率就增加。現在上述公式是可以進行檢驗的，而且有人已在果蠅可以忍受的溫度範圍內，用果蠅對這個公式進行過檢驗。乍看之下，結果眞令人吃驚。野生型基因的**低**突變率明顯提高，可是已突變之基因的相較**高**之突變率並沒有提高，或者說，至少提高很少。這種情況正是我們比較兩個公式所預期的結果。根據第一個公式，爲使t值增大（穩定的基因），就需要W/kT值增大；而根據第二個公式，W/kT值增大了，就會使求出的比值減少。這也就是說，隨著溫度上升，突變率將大大地增加（實際比值似乎在1/2到1/5左右。其倒數2到5就是我們在普通化學反應中所說的凡特何夫［van't Hoff］因子的數值）。

十二、X射線如何引發突變

現在我們來談談X射線誘發的突變率問題。根據育種實驗，我們已作出如下推斷：第一，（根據突變率和劑量的比例）某些單一事件可以引起突變；第二，（根據定量分析結果以及突變率取決於總電離密度，而與波長無關）爲了能夠引起特定的突變，這類單一事件必須是一種電離作用或類似的過程，並且必須發生在邊長僅約爲十個原子距離的立方體之內。根據我們的構想，超越閾値所需的能量，顯然必須由一種爆炸式的過程，也就是由電離或激發過程所提供。我之所以稱爲爆炸式過程，是因爲眾所周知，一次電離所消耗的能量（順便說一下，不是由X射線本身消耗的，而是由電離產生的次級電子消耗的）高達三十電子伏特之多。消耗的能量一定會轉化成放電點周圍大大增強的熱運動，並以原子強烈振盪的「熱波」形式向外擴散。這種熱波仍然可以在大約十個原子距離的平均「作用範圍」內，提供所需要的一或二電子伏特的閾能，這也是可以想像的，雖然不懷偏見的物理學家可能已經預料到，作用範圍會稍微小一些。在很多情況下，爆炸的結果不是造成有規則的同分異構轉變，而是使染色體受損。如果透過巧妙的雜交，沒有受損的同源染色體被另一染色體所取代，而這條染色體相應基因座上的基因又確定是病態的，那麼，就會造成致命的結果。這一切都是可以預料的，而且觀察到的現象也是如此。

十三、X射線的效率並不取決於自發的突變率

根據此一圖像，即使不能預測其他不少特性的話，也不難理解它們。例如，不穩定的突變體的X射線突變率，平均起來，並不比穩定的突變體高出很多。因此，在爆炸提供高達三十電子伏特能量的情況下，則所需的閾能不論稍大還是稍小——比如說1或1.3伏特，你肯定會認爲它將不致造成許多差異。

十四、可逆突變

在某些情況下，人們過去是從兩個方向來研究轉變問題的，即由某一野生型基因變到特定的突變基因，再由該突變基因變回到野生型基因。在這種情況下，自然突變率有時幾乎是相等的，有時又大相逕庭。乍看之下，人們會感到迷惑不解，因爲兩種情況下，將要被超越的閾値似乎相同。不過事實上閾値不一定相同，因爲它必須根據初始組態的能階來測定，對於野生型基因和突變基因來說，兩者可能不一樣（參見第八十七頁圖十二，其中（1）可以表示野生型對偶基因，（2）表示突變的對偶基因，較短的線段表示突變基因的穩定性較低）。

總之，我認爲德布呂克的「模型」相當經得起考驗，因而我們可以在進一步的研討中使用它。

第六章　有序、無序和熵

身體不能指揮心靈去思考，心靈也不能指揮身體去運動、休息或做別的事（假如還有別的話）。

——斯賓諾莎：《倫理學》，第三部分，命題二

一、由德布呂克模型得到的驚人結論

讓我引用第九十六頁的話，我在那裡想說明，由於有了基因是分子的構想，至少可以想像，微型密碼應和十分複雜的、特定的發育計畫一一對應，而且應包含實施計畫的步驟。這很好，可是微型密碼又是怎樣做到這一點的呢？我們如何將想像變成眞正的理解呢？

在有關德布呂克分子模型的概括性論述中，似乎沒有暗示遺傳物質是怎樣起作用的。的確，我也不指望，不久的將來，物理學可能提供有關這個問題的詳細資訊。在生理學和遺傳學的指導下，生物化學已向前跨出大步，而且我相信它還會不停地向前邁進。

像以上對遺傳物質結構的這類一般性描述，不能提供有關遺傳機制作用的詳細情況，這是很顯然的。十分奇怪的是，由此卻可以得出一個一般性結論，我承認這個結論就是我寫這本書唯一的動機。

根據德布呂克關於遺傳物質的圖像，可以得出：生物不僅符合已確立的「物理定律」，也可能涉及尚未發現的「其他物理定律」。這些定律一旦問世，也會像今天的物理定律一樣成爲科學的一部分。

二、建立在有序基礎上的秩序

這是一套不易掌握的思路，且在許多方面容易引起誤解。本書接下來的篇幅就是要澄清這些誤解。大家從以下的看法中，可以發現一種不成熟但並非完全謬誤的初步見解。

第一章已經說明，就我們所知，物理定律即統計性定律①。它們和事物轉向無序狀態的自然傾向很有關係。由於遺傳物質非常小，穩定性又相當高，我們爲了避免失序的傾向，必須「設想一種分子」。這是一個特別大的分子，有高度分化的秩序，堪稱自然傑作；它有量子魔棒的庇護。這種「虛構」並沒有使隨機定律失效，但是卻修正了它的結果。物理學家都知道量子論修正了古典物理學的定律，尤其是在低溫的情況下。這樣的事例不勝枚舉，看來生命就是其中之一，而且是特別引人注目的事例。生命好像是有秩序和有規律的物質變化過程，它不是以由有序變爲無序的傾向為基礎，而是部分依賴既有的秩序。

①把「物理定律」都視為「統計性定律」，也許會引起爭議。第七章將討論這點。

我認為，生物看起來像是一個宏觀系統，其部分行為近似於純粹機械式（相對於熱力學的而言）的過程，在溫度接近絕對零度且分子的無序狀態消除時，所有系統都趨向於這種過程。我希望能藉此向物理學家——也只有向他們——更清楚地說明我的觀點。

非物理學家感到難以置信的是，他們看作不可違背的精確性典範，即普通的物理定律，竟然是以事物變為無序的統計趨向為基礎。我在第一章已經舉過幾個例子，例中涉及的一般原理，就是有名的熱力學第二定律（熵原理），及與其同樣有名的統計基礎。在本章接下來的篇幅中，我想概述熵原理對於一個生物體的大尺度行為的影響。現在我們暫且不談一切有關染色體、遺傳等方面的知識。

三、生物如何逃避衰敗

生命的特徵是什麼？物質什麼時候可以說是有生命的？那就是當它可以繼續「做某件事」、不斷運動，與外界交換物質等等的時候，它的壽命比我們預計無生命的物質在相似情況下能夠「持續」的時間要長得多。當一個無生命系統被分離出來，或者置於一定不變的環境中之後，由於各種摩擦力的結果，通常所有運動很快就會停止；電位差和化學勢（chemical potential）差趨於一致，易於結合成化合物的物質即如此；由於熱的傳導，溫度也變得均勻。此後，整個系統逐漸衰退，成爲死寂的惰性物質，進入一種永恆的狀態之中，再也不會發生可探測到的事件。物理學家稱此爲熱力學平衡態，或者「最大熵」（maximum entropy）態。

事實上，無生命物質經常可以很快地就達到這種狀態。從理論上說，這種狀態往往不是絕對的平衡狀態，還不是眞正的最大熵態。可是，最終趨近平衡狀態的過程卻十分緩慢，可能要花費若干小時、若干年、若干世紀……的時間。現在舉一個例子，這是接近平衡過程還算是十分迅速的例子：將兩只分別裝滿清水和糖水的玻璃杯，一起放在密封的、恆溫的箱子裡，起初，好像什麼都沒發生，給人完全平衡的印象。但是一天左右以後，將發現清水由於蒸汽壓較高，因而緩慢地蒸發，並凝聚在糖溶液上。於是，糖水就溢出杯外。只有在清水全部蒸發以後，糖才能均勻地分布在水中。

這類極緩慢地趨近平衡的過程，絕不會被誤認成生命，我們在這兒可以不去理會它們。我談到這些問題，只是爲了免得別人責備我有疏漏之處。

四、有機體靠「負熵」維生

有機體正是由於避免了快速地衰敗成沒有生機的「平衡」狀態，才顯得不可思議，以至於自人類思想史的初期，就有人宣稱，在生物體內有某種特殊、非物質或超自然的力（即生命力，*vis viva*，entelechy）在作用，今天還有人這麼相信。

生物怎樣避免衰敗呢？最明顯的答案就是：它們靠吃、喝和呼吸，以及（就植物來說）吸收來避免衰敗，專門術語就是「新陳代謝」（metabolism）。希臘文 *μεταβάλλειν* 一詞的意思是「變化或交換」，交換什麼呢？這個詞的內在含義，無疑是指物質的交換（例如德語的新陳代謝 [stoffwechsel] 一詞含有交換物質的意思）。把物質的交換當成根本大事可說是荒謬的。氮、氧、硫等任一個原子和同類的其他原子是完全一樣的，交換這些原子能夠得到什麼結果呢？過去一段時間內，有人告訴我們說，我們是以能量爲生的，因此，我們的好奇心受到了抑制。在某個十分先進的國家裡（我記不清是在德國或美國，或者兩國皆有），你會發現在餐館的菜單上，除了價格以外，還標明了每道菜餚所含的能量。不用說，從字面意義上看，這同樣也是荒謬的。對成年有機體來說，能量和物質的含量一樣，也是固定不變的，既然任何一個卡路里和其他任何一個卡路里的價值完全一樣，當然就看不出單純交換如何能起作用。

那麼，我們的食物裡含有什麼珍貴的東西，可以使我們免於死亡呢？這個問題很容易回答。每一個過程、事件、偶發事件，你把它們叫做什麼都行，一句話，大自然中正在進行的一切事情都意味著，事物正在其中進行活動的那部分世界的熵在增大。因此，生物體內的熵不斷增加，或者你也可以認爲，它不斷地產生正熵，於是，勢必接近最大熵值的危險狀態，即死亡。生物只有不斷地從外界汲取負熵，才能避免死亡，生存下去。我們馬上就會看到，負熵是非常正面的東西，有機體賴以生存的就是負熵。或者，換一種不太矛盾的說法：新陳代謝的根本作用就在於幫有機體成功地消除了當它活著時非得產生不可的全部的熵。

五、熵是什麼？

熵是什麼？讓我首先強調指出，它不是模糊的概念或思想，而是一種可以測定的物理量，就和桿子的長度，物體某一點的溫度，某個晶體的熔解熱，或是任一物質的比熱一樣。在溫度是絕對零度（約爲攝氏零下二百七十三度）下，一切物質的熵均爲零。當你以緩慢和可逆的微小步驟，使物質變爲其他狀態時（物質甚至因此會改變其物理和化學性質，或者分裂爲兩個或多個具有不同物理和化學性質的部分），計算熵增加的總量的方法是：用操作過程中必需提供的每一小部分熱量，分別除以提供熱量時的絕對溫度，再求出所有商數之和。現舉例如下：當你要熔解固體時，其熵的增加量是熔解熱除以熔點的溫度。由此，你可以看出，測定熵的單位是卡／攝氏度（cal./°C）（就像卡是熱量的單位，公分是長度的單位一樣）。

六、熵的統計性意義

先前談到熵的技術定義，只是爲了消除經常隱蔽它的迷濛神祕氣氛。此處對我們更爲重要的是，熵與有序和無序的統計性概念之間的關聯，它們之間的關係已由波茲曼和吉布斯在統計物理學上的研究所揭示。這也是一種精確的定量關係，可以用下列公式表示：

$$熵 = k \log D$$

其中k爲所謂的波茲曼常數（$=3.2983\times10^{-24}$ cal./°C），D是有關物體的原子無序狀態的量度，用簡單的非專業語言，幾乎不可能準確地說明此量度。D所表示的無序，一部分是指熱運動的無序，另一部分是指存在於隨機混合而非截然分開的各種原子和分子中間的無序，例如上面例舉的糖和水分子。這個例子清楚地闡明了波茲曼方程式，糖逐漸「擴散」，遍布於現有的水中，增大了無序D（因爲D的對數隨著D而增大），所以熵也在增大。同樣十分清楚的是，補充任何熱量，都會增加熱運動的紊亂，也就是說，增大了無序D，從而增大了熵。當你熔解一塊晶體時，由於原子或分子原有整齊而固定的排列因此而遭到破壞，晶格就成了不斷變化的隨機分布狀態；此例格外清楚地說明上述情況理應如此。

一個孤立的系統，或是處於均勻環境中的系統（爲了目前的探討，我們儘量將環境作爲我們假想的系統的一部分），它的熵值將增加，並且程度不同地、迅速接近最大熵值的惰性狀態。我們現在可以了解，這個物理學的基本定律，就是事物接近混亂狀態的自然傾向（就像圖書館的書籍、或寫字檯上成堆的文件和手稿，表現的雜亂情況一樣），除非我們能消除這種傾向（這種情況下的不規則熱運動，就好比是，我們不時地去拿那些東西，但又不想勞神把東西放回原處）。

七、生物從環境中汲取「秩序」以維持組織

一個生物透過奇異的本領可以延遲衰敗到熱力學平衡態（死亡），我們怎樣用統計理論的術語加以表述呢？我們在前面已經說過：「生物靠負熵維生」，換句話說，生物源源不斷地汲取負熵，以便抵消它活著時必然造成的熵增加，從而使自己保持在穩定且相當低熵的狀態。

如果說D是無序的量度，那麼，它的倒數 $1/D$ 就可看作是有序的直接量度。既然 $1/D$ 的對數恰好與 D 的對數正負相反，因此，我們可以將波茲曼方程式改寫成：

$$-(\text{熵}) = k \log (1/D),$$

於是，我們可用一種比較好的表達方式取代「負熵」這笨拙的表達方式，那就是「熵」，在此處負號已被考慮進來，所以熵本身是次序的一個量度。因此，有機體能夠保持穩定和相當高的有序度（即相當低的熵狀態），其方法是不斷地從環境中汲取有序。這個結論比它乍看之下要合理些，當然，也許有人會斥爲淺薄。事實上，對高等動物而言，我們相當了解它們賴以維生的有序物質，即它們的食物，是複雜程度不同的有機化合物，那些物質都是極其有序的。高等動物利用這些食物以後，又排出形式上已大大降解的有機化合物，但是，這種東西並未完全降解，因爲

植物依然可以利用它（當然，植物在陽光下就可以得到最充足的「負熵」）。

關於本章的評註

「負熵」這種說法曾經遭到物理學界同事的懷疑和反對，首先讓我說明，如果我只想迎合他們，我就應該改爲討論「自由能」（free energy）這個問題。在此脈絡下，自由能是比較常用的概念，可是，從語言學上看，這個專門術語似乎和「能」太相似了，會使一般讀者難以發覺兩者之間的明顯差異。讀者們可能將「自由」一詞看作是無關緊要的修飾詞，可是事實上，這是一個相當複雜的概念，探尋它和波茲曼的有序—無序原理的關係，也並不比用熵和「帶負號的熵」更容易些。順便說一下，熵和負熵也不是我的發明，它恰巧就是波茲曼的獨創性論證的關鍵。

但是西蒙（F. Simon）十分中肯地向我指出，我簡單的熱力學設想並不能說明，我們的生存爲何必須依賴「複雜程度不同的有機化合物中那種狀態極其有序的」物質，而不是木炭或者金剛石礦粉。他說得對。可是我必須向外行的讀者說明，一塊沒有燃燒的煤炭或金剛石，及其燃燒時所需的一定量的氧氣，也是處於極其有序的狀態中，物理學家想必是了解這一點的。如果你能使煤炭燃燒，發生了反應，就會產生大量的熱，這就是證明。此系統藉著向周圍環境散熱，清除了由於反應而增加的相當多的熵，並且實際上達到一個其熵值和以前大致相等的狀態。

可是，我們不能靠反應產生的二氧化碳爲生，所以西蒙向我指出，食物內所含的能量的確關係重大，他的看法同樣是十分正確的，所以我嘲笑註明能量的菜單，也是不適當的。能量不僅用來補充身體耗費的機械能，也用來補充我們不斷散向周圍環境的熱能。我們散熱並不是偶然的，而是十分必要的，因爲透過這種方式，我們才能排出物質生活過程中不斷產生的剩餘的熵。

由此似乎可以假定：溫血動物的體溫較高，有利於較快地清除體內的熵，從而能夠適應變化比較劇烈的生活過程。但是我不能肯定這個論點的正確性如何（我對這個論點負責，與西蒙無關）。人們可能反對這個論點，因爲另一方面，很多溫血動物利用毛髮或羽毛防止熱迅速地散發。所以，我相信，體溫和「生活變化的劇烈程度」是一致的；它或許可用第九十九頁中的范特何夫定律更直接地加以說明：較高的溫度本身會加快生命活動中的化學反應（在受到環境溫度影響的物種——即變溫動物——中所做的實驗，已經證明實際情況就是如此）。

第七章 生命是以物理定律爲基礎的嗎？

如果一個人從未自相矛盾的話，那麼必定是因為他從來不講話。

——烏納穆諾（Miguel De Unamuno）（摘自談話）

一、有機體中可能存在新的定律

簡單地說，我在最後一章只想說明，根據我們對生物結構已有的全部認識，我們必須準備接受：生命的活動方法不能化約成普通的物理定律。這並非因爲生物體內有什麼指導單個原子行爲的「新奇的力」等等，而是因爲其構造不同於迄今在物理實驗室已被試驗過的任何東西。簡略而言，一位只熟悉熱機的工程師，在檢查了電動馬達的構造以後，必須承認馬達是按照他還不懂的原理在工作。他會發現，他所熟悉的製造水壺用的銅，在電動馬達中用作由很長的銅線繞成的線圈，他所熟悉的製造槓桿、鐵條和蒸汽汽缸用的鐵，在這裡被用來裝在銅線圈的內部。他會承認銅和鐵還是原來的銅和鐵，並且受著相同的大自然規律的支配，他的這個看法是正確的。但是機器的構造差異很大，使他準備去探索完全不同的工作方式。他絕不會因爲電動馬達沒有鍋爐和蒸汽，可是只要一扭動開關，機器就會開始旋轉，而懷疑是鬼驅動了電動馬達。

二、對生物學現況的評述

有機體的發育過程，表現出美妙的規律和有序，我們遇到的任何無生命物質都無法與之相比。我們發現，此過程由一群極其有序的原子控制，它們在每個細胞的原子總數中只佔很少的一部分。另外，根據我們已經形成的有關突變機制的觀點，我們可以斷定：在生殖細胞中「起控制作用的原子團」內，只要有幾個原子錯位，就足以使有機體的宏觀遺傳特性發生明確的變化。

這些事實無疑是當今科學界所揭示的最令人感興趣的問題，我們可能傾向於認爲這些事實畢竟還是可以接受的。有機體天生具有一種能力，可以源源不斷地將「秩序之流」聚集在自身上，從而避免衰變到原子渾沌的狀態——也就是從適當的環境中「汲取有序」，這種驚人的天賦似乎和「非週期性固體」，也就是染色體分子的存在有關；由於染色體的每個原子和原子團都能各自發揮獨特的作用，它無疑就是我們迄今已知的、程度最高的、井然有序的原子集合體——比普通的週期性晶體有序得多。

簡單地說，我們論證了一件事：染色體存在的有序顯示了保存自己和產生有序事件的能力。這種論點聽起來似乎還是相當有道理的，但是，在我們形成這個看法的過程中，無疑吸取了社會組織和涉及有機體活動的其他事件的經驗。所以，它似乎像是某種循環論證。

三、對物理現況的綜述

不管情況如何，必須反覆強調指出的一點是，對於物理學家來說，實際情況不僅是不可能的，而且是令人興奮的，因爲史無前例。與一般的看法相反，這種由物理定律支配的有規律的事件進程，絕不是一個十分有序的原子組態產生的結果——除非原子組態本身多次重複自身，就像在週期性晶體中，或像在由大量相同分子組成的液體或氣體中那般。

甚至當化學家在試管中處理十分複雜的分子時，總是面臨許多相同的分子，他們的定律也適用於這類分子。他可能告訴你，比如說，在某種化學反應開始一分鐘以後，一半的分子起反應，再過一分鐘，四分之三的分子起反應。假設你能密切注意某一特定分子的去向，化學家也不能預言它究竟是在已經起反應的分子中間，還是在沒有起反應的分子中間，這純屬機率問題。

這並不是純理論性的推測，我們並不是永遠觀察不到單個小原子團，甚至單個原子的結局，我們有時是可以看到的。可是每當我們觀察時，我們將發現徹底的不規則性，只有按平均值計算，它們才能共同產生規則性。我們在第一章裡已舉過一個例子，懸浮在液體中的一顆微粒的布朗運動是完全不規則的。可是，如果有很多相同的微粒，它們透過不規則運動，就可以產生有規則的擴散現象。

單個放射性原子的蛻變是可以看得見的（原子放射的轟擊粒子會使螢光幕上出現可見的閃光），可是，如果給你一個單獨的放射性原子，它的壽命長短反而不如一隻健康的麻雀來得確定。關於單個放射性原子，我們只能說：只要它還存在（不管它是否已經存在幾千年），它在下一秒內蛻變的機率都是一樣。雖然單個原子蛻變的時間無法確定，可是大量的同類放射性原子的蛻變卻產生出精確的指數衰變律。

四、鮮明的對比

在生物學上，我們面臨完全不同的情況。只存在於一個單套染色體中的單一原子團，可以產生一些有序的事件，它們根據十分奧妙的定律，彼此之間以及和環境之間都奇蹟般地相互協調一致。我說只存在於一個單套染色體中，是因爲我們畢竟還有卵和單細胞有機體的例子。在高等生物發育的後來階段中，單套染色體複本成倍地增加，這也是事實，可是增加到什麼程度爲止呢？據我所知，成年哺乳動物的成套的染色體複本大約增長到10^{14}。那是多大呢？只是一立方吋空氣所含的分子數目的百萬分之一。雖然數量很龐大，可是它們聚集在一起，也不過只形成一小滴液體。請再看一看它們實際分布的方式吧！每個細胞只含有一個單套染色體（或者兩個，如果考慮到雙倍體的話）。既然我們知道這個小小的中央機關在每個單獨的細胞裡擁有的力量，那麼，每個細胞就像是地方政府，它們使用通用密碼，十分方便地相互通聯。

這是一種富於想像的描述，也許不像是一個科學家的，反而像是一個詩人說的話。顯然我們現在遇到了一些事件，它們表現出有序和有規律的狀態，制約這些狀態的「機制」和物理學的「機率機制」完全不同。要認識這一點並不需要詩人的想像力，而只需要明確而求實的科學思考。因爲每個細胞的控制原則，都包含在一個（有時是兩個）單套染色體的單個原子集合體之內，而且這種原則產生的事件卻是有序的典範，這些都是看得見的事實。一個小而結構嚴密的原子團，竟能引發這般的作用，無論我們對此是感到震驚，還是認爲相當有道理，這種情況是前所未聞的；除了在生物中，其他任何物質都沒有發現這種情況。物理學家和化學家研究無生命物質時，從來沒有見過必須這樣解釋的現象。正因爲過去沒有遇到這個問題，所以我們的理論也就沒有包括它——我們現在有充分的理由爲我們完美的統計性理論感到驕傲，因爲它使我們看到了事物的眞相，注意到原子和分子無序所產生的、嚴格的物理定律的高度有序，而且因爲它揭示了最重要的、最普遍和包羅萬象的熵增加定律，無須特別假設即可理解，因爲熵的增加只不過是分子的無序造成的。

五、產生有序的兩種方式

生命發展過程中遇到的有序，它的起源是不同的。似乎存在可以產生有序事件的兩種不同「機制」：「由無序產生有序」的「統計性機制」，和「由有序產生有序」的新機制。從不抱偏見的觀點來看，第二種原則似乎簡單得多，也合理得多，這是毫無疑問的。因此，物理學家受另一種機制，即「由無序產生有序」的原理吸引，反而深感自傲。事實上，大自然就是遵循這項原則，而且僅此一項原則，就使我們認識自然界中事件發生的重要的方式，首先是自然界事件的不可逆性。可是我們不能指望由這個原理產生的「物理定律」能直接說明生物的變化過程，因為生物最明顯的特點，顯然在很大程度上以「由有序產生有序」的原理為基礎。你也不要指望兩個完全不同的機制會產生同一類定律，就像你不能指望你的彈簧鎖鑰匙能打開鄰居的門一樣。

因此，我們不必因為用普通的物理定律難以解釋生命而感到灰心，因為根據我們已經掌握的關於生物結構的知識，這正是意料之中的情況。我們應該為在生物中發現普遍存在的、新型的物理定律做好準備。否則，我們就會叫它「非物理定律」，更別說「超物理定律」了！

六、新原理並非和物理學不相容

不，我不認為如此。因為有關的新原理是名符其實的物理學原理：依我看，它仍然是量子論中的原理。為了說明這一點，我們得花點篇幅，包括對於先前提到的論點進一步發揮——如果你不願說那是修正的話。此論點即：物理定律本質上都是統計性的。

反覆不斷提出的這個論點，不可能不引起任何矛盾，因為事實上，有些現象突出的特點，顯然是直接建立在「由有序產生有序」原理的基礎上的，而與統計學或分子無序毫無關係。

太陽系的秩序、行星的運轉幾乎無限期地延續。這一瞬間的星座與金字塔時代某個瞬間的星座有直接的聯繫，由現在的星座可以追溯到以往的星座，反之亦然。歷史上的日（月）蝕可以計算出來，其結果與歷史記載密切吻合，在某些情況下，甚至可以用來校正公認的年表。這些計算一點也沒有蘊涵任何統計，它們完全以牛頓的萬有引力定律爲基礎。

一座精確的時鐘，或者任何類似的機械裝置，它們有規律的運動，似乎也與統計無關。簡單地說，所有純粹的機械事件，顯然都直接遵循著「由有序產生有序」的原理。當我們提到「機械的」這個詞時，必須從廣義上解釋。大家想必知道，有一種十分有用的時鐘，是以發電廠有規則地傳送的電流脈衝爲動力的。

我記得蒲朗克寫過一篇有趣的短篇論文，題目是《動力型和統計型定律》（*The Dynamical and the Statistical Type of Law*；德文題目是《動力學和統計學的規律性》[*Dynamische und Statistische Gesetzmässigkeit*]）。兩者的區別恰好就是我們在這兒稱作「由有序產生有序」和「由無序產生有序」的區別。這篇論文的目的是想說明：控制宏觀事件的、有趣的「統計型」定律，是怎樣由本該控制微觀事件的，即控制單個原子和分子交互作用的「動力型」定律組成的，而「動力型」定律是由諸如行星或時鐘等運動的宏觀機械現象闡明的。

由此看來，雖然我們曾經鄭重地指出，「由有序產生有序」的「新」原理是認識生命的眞正線索，但是對物理學來說，它根本不是什麼新發現，蒲朗克的態度甚至想表明是他首先論證了這個新原理。我們似乎得出了荒謬的結論：認識生命的線索竟然是建立在蒲朗克論文中所說的「鐘錶裝置」一樣的純機械基礎上。但是，這個結論並不荒謬，而且我認為也非完全錯誤，不過我們對它應該「大有保留」。

七、時鐘的運動

現在，我們來精確地分析時鐘的運動，它完全不是一種純粹的機械現象。一座純機械時鐘不必有發條，也無需上發條，因為純機械時鐘一旦開始運動，就會永不停息。但是眞正的時鐘如果沒有發條，在鐘擺擺動幾回以後，就會停止運轉，因為它的機械能已轉化為熱能。這是一種極其複雜的原子過程。物理學家對這個過程的一般構想，使他必然認為，以下的可逆過程並非完全不可能的：一座無發條的鐘，靠耗費自己的齒輪的熱能和環境的熱能，也許會突然開始運動。物理學家一定會認為：這座時鐘經歷了一陣特別強烈的布朗運動。我們在第四十二頁中已經看到，一種十分靈敏的扭秤（電流計）往往會發生這種情況。但是對一般的時鐘來說，這種情形是絕不可能發生的。

要將一座時鐘的運動規定為動力型還是統計型的規律事件（沿用蒲朗克的說法），取決於我們的態度。當我們稱它為動力學現象時，我們的注意力集中在由較弱的發條產生的、有規則的運行，發條克服了熱運動引起的微小擾動，因此，我們可以忽略後者。可是，如果我們還記得，時鐘沒了發條就會由於摩擦而逐漸慢下來，我們就會認定，這種過程只能被解釋爲統計現象。

不論摩擦效應和熱效應從實用的觀點來看是如何地無關緊要，第二種也就是不忽視這兩種效應的態度，無疑是更基本的，即使我們面對由發條驅動的時鐘的規則性運動時亦然。我們絕對不可以認爲，驅動機制消除了過程的統計性質。眞正的物理圖像包括以下的可能性：就算是一座運轉規則的時鐘，靠耗費環境的熱能，也應該能夠突然逆向運動，並在反向運轉時，重新上好發條。這種事件發生的可能性，比無驅動機構的時鐘產生一陣「布朗悖動」的可能性「仍然要稍微小一點」。

八、鐘錶運轉終究還是統計型

現在讓我們回顧一下。我們已經分析過的「簡單」事件代表了很多其他事件，實際上代表了所有似乎和分子統計學包羅萬象的原理無關的事件。由實際物質（相對於假想）製作的鐘錶裝置，不是眞正的「鐘錶裝置」。機率因素多少已被降低，時鐘突然完全故障的可能性也許微不足道，但是無法完全消除。即使在天體運動中，也存在不可逆的摩擦力和熱力的影響。因此，地球自轉的速度由於潮汐摩擦而逐漸減慢，月亮也會隨之逐漸遠離地球，如果地球是一個剛硬的自轉天體，就不會發生這種情況。

不過，事實依舊是：「實際的鐘錶裝置」具有十分明顯的「由有序產生有序」的特性——當物理學家發現有機體具有這種特性時，他曾經感到振奮。似乎這兩種情況畢竟有某些共同之處。可是這些共同點是什麼呢？又是什麼明顯的差異使有機體成爲新奇的、前所未見的事例呢？這些問題仍然有待於解決。

九、能斯特定理

一個物理系統，即任何一種原子集合體，什麼時候會顯示出「動力型定律」（依蒲朗克的用法），或者「鐘錶裝置的特性」呢？量子論對這問題有個十分簡明的答案，那就是在絕對溫度零度的時候可以顯示出來，因爲趨近絕對溫度零度時，分子的無序便不再和物理事件有關係。順便一提，這件事不是透過理論發現的，而是透過對各種溫度下的化學反應進行仔細研究的結果，再將結果外推到零度才發現的，因爲絕對零度實際上是達不到的。這就是能斯特（Walther Nernst）有名的「熱定理」（Heat Theorem），這個定理有時也當之無愧地被譽爲「熱力學第三定律」（第一定律就是能量原理，第二定律就是熵原理）。

量子論爲能斯特的經驗性定律提供了理論基礎，同時也使我們能夠預測，一個系統一定要接近絕對零度到什麼程度，才能顯示出近似於「動力型」行爲。在特定情況下，什麼樣的溫度可視爲事實上已等同於絕對零度呢？

可是，你千萬不要以爲，這一定是很低的溫度。其實，即使在室溫下，熵在許多化學反應中的作用，也是極不足道的，能斯特的發現正是來自這一事實（讓我再說一遍，熵是分子無序的直接量度，即它的對數）①。

①請參照本書第一〇九頁。——審訂注

十、擺鐘實際上處於零度

擺鐘的情況怎麼樣？對擺鐘來說，室溫就等於零度，這就是爲什麼擺鐘會作「動力型」運動的原因。如果使它冷卻（假設你已清除了所有的油漬！）它仍然會照樣繼續運動；可是，如果將擺鐘加熱到室溫以上，它就會停止運動，因爲它最終將會熔化。

十一、鐘錶裝置和有機體的關係

這似乎不值得一提，可是，我卻認爲這就是重點所在。時鐘之所以能夠作「動力型」運動，是因爲它們是由固體製造的，海特勒—倫敦力可以使固體的形狀不變，在常溫下強韌得足以避免熱運動的無序傾向。

我認爲現在有必要再講幾句，以便說明鐘錶裝置和有機體的相似之處。我只要簡單說一點：有機體也依賴一種固體，即非週期性晶體形成的大體上不受熱運動影響的遺傳物質。可是，請不要責備我竟然將染色體纖維稱爲「生命機器的輪齒」，因爲只有這樣比喻，才不致於和它所依據的深奧的物理學理論沒有關係。

其實，無需多費唇舌說明兩者之間的根本差異，也無需辯解我爲何選用這個在生物學上從沒人用過的詞。

最顯著的特點是：第一，這個輪齒在多細胞有機體內分布十分奇妙，爲此，我可以提到我在第一一六至一一七頁中帶有幾分詩意的描述；第二，單個輪齒不是粗糙的人造產品，而是按照上帝的量子力學構思完成的最傑出的精品。

後記：決定論和自由意志

我不抱先入爲主的偏見，竭力闡述了生命問題的純科學面向，作爲對這種努力的獎勵，請允許我補充個人觀點的哲學意涵，當然，這是主觀的看法。

根據先前章節提出的論證，在生物體內，以及其心靈活動與自覺或其他活動相應的現象（同時考慮到它們複雜的結構和公認的物理化學的統計解釋），如果不屬於嚴格的決定論，至少也是統計決定論。我想對物理學家強調指出，和一部分人所堅持的看法相反，我認爲量子不確定性（quantum indeterminacy）在生物學事件中所起的作用無關緊要，除非可能在諸如減數分裂、自然突變和X射線誘發突變等事件中增強了它們純偶然的特性——無論如何，這一點是顯而易見，也是大家公認的。

爲了便於論證，讓我將其視爲事實，如果對「自稱爲一部純粹機器」的說法不抱有眾所周知的惡感的話，我相信每個不持偏見的生物學家也都會相信這是事實。因爲透過直接內省就可察覺「自由意志」，而自由意志與「我們不過是機器」這種說法是有牴觸的。

可是，直接經驗本身，不論是各色各樣或者根本不同，從邏輯上說，不會相互矛盾。讓我們看一看，我們能否從以下兩個前提中，得出沒有矛盾的正確結論：

（一）我的身體如同一部服從自然律的純粹機械般運行。

（二）然而，根據無可爭辯的直接經驗，我還知道，我在支配著身體的行動，並且可以預見行動的結果，這個結果可能是有決定性的和極重要的。假如是那樣的話，我就會意識到，並且應該對行動的後果承擔全部責任。

我認爲，由以上兩個事實得出的唯一可能推論是：我——就「我」這個字最廣的意義而言，也就是說，每個說過「我」字或感覺到「我」的有意識的心靈（conscious mind）——就是根據自然法則控制著「原子運動」的那個人，假使有這麼一個人的話。

在一個講究精密概念分殊的文化傳統裡，我以如此簡單的語句來表述這個結論，是非常大膽的。（在其他的文化中，概念的表達也許不那麼講究。）用基督教的術語來說：「從今以後，我就是全能的上帝。」這句話聽起來既褻瀆了上帝，也是很狂妄的。不過，請讀者暫時別管它的含義，而去考慮一下，上述結論不就是生物學家所能得到，可以一舉證明上帝的存在和靈魂不滅的最縝密的結論嗎？

這種見解本身並不新奇。據我所知，最早的記載可以追溯到大約二千五百年以前，或者還更早些。早期偉大的《奧義書》所揭示的**梵我合一**（個我就是無處不在，無所不包的永恆大我），在印度思想中認爲這完全不是褻瀆之詞，而是代表了深刻洞察世間萬物的思想精髓。所有吠檀多

（Vedanta）學者學會說這句話以後做的努力，就是將這種最偉大的思想融合到自己的心靈之中。

很多世紀以來，神祕主義者一再獨立地，但又相互完全和諧一致地（有點像理想氣體的粒子那般），描述各自獨特的生活經驗。他（或她）使用的言詞可概括爲一句話：我已成了上帝（DEUS FACTUS SUM）。

這種思想對西方的思想體系來說，依然是陌生的，儘管叔本華（Schopenhauer）和其他一些人贊成這種觀點，儘管那些眞正仰慕這種思想的人在互相凝視時，就意識到他們的思想和樂趣並不僅是相似或全同，而是已經融爲一體了；但是，一般說來，他們過於沉緬於感情，不能進行清晰的思維，在這方面，他們和神祕主義者十分相似。

請允許我進一步說明。一個人絕不可能同時體驗多種意識，而只能體驗一種意識。即使處於意識分裂或雙重個性的病理狀態下，兩種角色雖然可以交替變更，但是絕不會同時出現。我們在夢境中，可以同時扮演好幾個角色，但並不是毫無區別，我們只能是其中一個角色；我們直接按照符合角色的身分去行動和講話，而當我們有時熱切地等待另一個角色回答或做出反應時，我們並沒有意識到，正是我們自己在控制他的言行，就像控制自己的言行一樣。

「多元」（plurality）這個（奧義書的作者們斷然反對的）概念，究竟是怎樣產生的呢？據發現，意識本身與一個局部範圍的物質，即肉體的狀態有密切的關係，而且依存於肉體（考慮到身體在諸如青春期、老化過程、老年昏聵期等等身體發展過程中心靈的變化，或者是發燒、中毒、麻醉、大腦組織損傷等後果）。既然類似的肉體數量有很多，於是乎一定會產生有多個意識或心靈的設想。凡是單純天眞的人們，以及大多數西方哲學家大概都接受了此一假設。

它幾乎立即導致了靈魂存在的說法，有多少肉體，就有多少個靈魂，隨後又提出了這樣的問題：靈魂是否和肉體一樣難免一死，還是可以永生不滅，並且可以獨立存在呢？如果靈魂也難逃一死，就會令人覺得討厭；但是如果認爲靈魂會永生不滅，則是公然忘記、忽視或者否認了意識有多重性此一假設所依據的事實。還有人提出更加愚蠢的問題：動物也有靈魂嗎？甚至還有人問道：女人有沒有靈魂？或者只有男人才有靈魂嗎？

此般結論，即使僅僅是推測性的，也一定會使我們對西方正式認可的宗教教義普遍認同的、意識多重性的假設產生懷疑。如果我們一方面打破對種種教義的極端迷信，同時又保留其中的靈魂多重性的天眞想法，只不過申明靈魂是要死亡的，會和每個人的肉體一起滅亡，藉此來「補正」原來對靈魂多重性的看法，我們不是存心想得出更荒謬的結論嗎？

唯一可能的抉擇是，只能遵照直接經驗：意識是單數，它沒有複數；只有一個物體，看起來卻好像有多個物體，其實不過是由幻覺（梵文是瑪耶，MAJA）產生的、關於這個物體的一系列的不同面向。裝有許多鏡子的迴廊裡，可以產生同樣的幻覺；同樣地，高里三喀峰（Gaurisankar）和埃佛勒斯峰（Mt. Everest，即聖母峰，或稱珠穆朗瑪峰）原來是從不同的山谷看到的同一座山峰。

當然，我們頭腦裡裝著許多精心虛構的鬼故事，自有礙於我們接受如此簡單的認識，例如，據說在我的窗外有棵樹，可是我並沒有眞正看到它。這棵眞正的樹透過巧妙的機制，將它的映像投入我的意識之中，樹的映像就是我知覺的東西，而我們只探討了這種巧妙機制初始的、和比較簡單的處理資訊的步驟。假如你站在我的身邊，看著同一棵樹，它也會設法向你靈魂投入一個映像。我看到的是我的樹，而你看到的是你的樹（和我看到的樹十分相似），我們並不知道樹本身是什麼。對這種過分誇張的說法，康德應該負責。這種把意識看作**一體多相**（Singulare tantum）的想法，可以方便地改換成另一種表述：顯然只有一棵樹，而所有映像之類的東西不過是鬼故事般的虛構之物。

可是，我們每個人都有不容置疑的印象，個人的經驗和記憶的總和構成了一個單位，這個單位完全不同於其他人的。每個人將此單位稱爲「我」，可是，**「我」究竟是什麼**？

倘若你仔細分析，我想你會發現，它不過是比單一的資料（經驗和記憶）集合體稍微多一點的東西，也就是說，好比是一幅**在其上**匯集了經驗和記憶的油畫。你仔細地自省以後還會發現，你所說的「我」，其實就是指匯集了經驗和記憶的基礎素材（ground-stuff）。你可能來到一個遙遠的國家，看不到所有的朋友，也幾乎把他們全都忘了；你會結識了新朋友，和他們盡情地共享生活的樂趣，就像和老朋友在一起時一樣。在你過著新生活的時候，你仍然會想起過去的生活，可是這件事變得越來越無關緊要。那時，你也許會以第三人稱談論「青年時代的我」。事實上，你正在閱讀的那部小說的主角，可能和你更貼心，當然你認為他栩栩如生，對他也更加了解。你的經驗和記憶沒有中斷，也沒有消亡，即使一個高明的催眠大師，能成功地抹去你先前的所有經驗和記憶，你也不會認為他已經置你於死地。你絕不會發出個人不復存在的哀嘆。

將來也永遠不會發出這樣的哀嘆。

關於後記的說明

後記裡提出的觀點和赫胥黎（Aldous Huxley）最近恰當地稱為「永恆的哲學」（The Perennial Philosophy）不相上下。他那本出色的著作（London, Chatto and Windus, 1946），異乎尋常地不僅能說明實際情況，而且也說明了它為何如此難以理解，而且容易遭到非議。

第二部　心靈與物質

一九五六年十月於劍橋三一學院所作的講學

謹獻給我知名的摯友

漢斯・霍夫

第一章 意識的物質基礎

一、問題

世界是由我們的感覺、知覺和記憶構成的。我們可以方便地將世界看作是客觀獨立存在的。但是，它當然不是僅以自身的存在顯現出來，而是以這個世界特殊部分中非常特殊的事態爲條件，也就是以大腦中進行的某些活動爲條件而顯現出來的。這是一種非常獨特的含義，會引出這樣一個問題：什麼特性在區分這些大腦的過程，並使它們產生表現形式呢？我們能否猜出，哪些物質過程有這種力量，哪些物質過程沒有這種力量？或者更簡單地說，什麼樣的物質過程與意識是有直接關聯的？

理性論者可能傾向於簡略地處理這個問題，大要如下：從人類的自身經驗看，而高等動物則根據類推而得，意識是與生物的某種活動，也就是與某些神經功能相聯繫。在動物王國中，追根究柢，直至哪一種低等動物仍有意識？而且在動物發展的早期階段，又可能是什麼情況？這些都是無理由的推測，無法回答的問題，應該留給無所事事、胡思亂想的人去回答。如果一定要認為，或許別的活動、無機物的活動，更不用說一切物質活動，是否也以某種方式與意識相聯繫，那就更加沒有道理。所有這些想法純屬異想天開，既無法辯駁，也無法證明，因而對於人的知識可說毫無價值。

應該告訴漠視這個問題的人，他對於世界的圖像會因此留下一種可怕的缺陷，因為在某些種系的有機體內出現神經細胞和大腦，是一種非常特殊的事件，其意義和重要性十分容易理解。這是一種非常特殊的機制，個體透過這種機制，會相應地改變自己的行為，對可供選擇的情況做出反應。這是一種適應環境變化的機制，也是所有此類機制中最精細且最靈巧的機制，無論它在哪裡出現，都會迅速地起主導作用。然而，這些機制不是獨特的，生物的主要類別，尤其是植物，也以一種完全不同的方式，達成非常類似的行為。

我們是否準備好去接受，這種高等動物演化中出現的特殊變化，也可能是過去沒有出現過的變化，卻是世界在意識中顯現出來的必要條件？否則，它是否仍然只是上演一場沒有人看的戲，不為任何人而存在，或是可以很恰當地說它並不存在？在我看來，這是關於世界圖像的徹底失敗。如果有人具有從這條死胡同裡找到出路的強烈願望，他就不應該因為害怕招來聰明的理性論者的嘲笑，而畏縮不前。

依照斯賓諾莎的觀點，每種具體事物或存在，都是無限實體——也就是神——的一種化身。那些具體事物表現的是神的各種屬性，特別是延展和思維。第一種屬性指它在空間和時間中的存在；第二種屬性——假如是活著的人或動物的話——是他（它）的心靈。不過按照斯賓諾莎的看法，無生命實體同時也是「神的一種思想」，因爲它也存在第二種屬性。這兒他表達了一個非常大膽的想法，即整個宇宙就是一個生靈（儘管這不是人們初次有這種看法，即使在西方哲學中也不是）。兩千年以前，愛奧尼亞的（Ionian）哲學家們，由於有這種思想而獲得「萬物有生論者」（hylozoists）的稱號。繼斯賓諾莎以後，天才的費希納（Gustav Theodor Fechner）理直氣壯地認爲，植物、作爲天體的地球、行星系等都有靈魂。我不贊同這些異想天開的看法，但是究竟誰更接近終極眞理，是費希納，還是一敗塗地的理性論者，我不想，也不必去作評斷。

二、試探性的回答

大家都知道，任何人倘若企圖擴大意識的範圍，假設任何意識是否可能合理地與非神經活動的過程相聯繫，他必然會陷入未經證實、也無法證實的空論中。不過，當我們從相反的角度探討這個問題時，我們就有了較堅實的基礎。並非一切神經活動過程，甚至並非一切大腦活動過程，都伴有意識。事實上許多都沒有，即使它們在生理上和生物學兩方面和「意識過程」非常相似。這不僅因爲它們都是由傳入神經脈衝和相繼的傳出神經脈衝組成，而且它們的生物學意義也相同：就是調節與控制反應，無論是針對系統，還是針對變化中的環境。

在系統內的例子是，脊椎神經節以及由它控制的那部分神經系統的反射活動。但是，也有許多雖然確實經過大腦的反射過程，卻根本不產生意識或者幾乎不產生意識的情形（我們將專門研究這個問題）。至於在系統外部面對環境的變化，差別就不很明顯，產生的是介於完全有意識和全然無意識之間的中間狀態。我們身體內有許多相似的生理過程在進行，每個種類都找出一個代表分別檢視，用觀察和推理的方法，我們應該不難發現，我們正在尋找的那些明顯的特徵。

依我的看法，從以下幾個人所共知的事實，我們可以找到問題的答案。當我們用感覺、知覺、甚至可能用行動參與的一連串的活動，以同樣方式常常重複再現時，任何這類連續的活動都會逐漸退出意識範圍。但是，如果在這類重複的過程中，發生了不同以往事件發生時遇到的時機和環境條件時，這種活動便會立即進入意識領域。就算如此，最初也只有那些變化或「差異」，能闖入將新事件與舊事件區分開來的意識領域，而且因此通常需要「新的思考」。我們每個人可以從自身經歷中，舉出幾十個和這種情況相似的例子，所以此刻我就不再舉其他例子了。

事件從意識中逐漸消失，對我們整個心靈活動的構成尤爲重要，因爲我們的心靈活動完全以反覆實踐取得經驗的過程爲基礎，瑟蒙（Richard Semon）把這種過程概括爲「識」（Mneme）的概念，我們在後面還要用更多的篇幅來談這個問題。僅此一次而不重複的經驗，在生物學上是沒有意義的。假如生物要能存活，它必須學習，在面對一再重複出現或者定期出現的情況，它能以同樣的方式反應。那麼，從我們內省的經驗（inner experience）中，我們知道了以下的情況：在最初幾次爲數不多的重複後，頭腦中出現了一種新的要素，也就是阿文那留斯（Richard Avenarius）

所謂的「曾見過」或「有印象」（notal）。一連串的事件經常反覆出現後，會變得越來越例行化，越來越令人乏味，而做出的反應則變得更加可靠，接著便逐漸退出意識的範圍。男孩子可以不假思索地背誦詩歌；女孩子可以不假思索地彈鋼琴奏鳴曲；我們沿著經常走的路去工廠，從老地方過街拐進小路等等的同時，我們的頭腦正在思考完全不相干的事情。可是每當情況發生有關的變化時——譬如，在我們過去經常過馬路的地方，馬路正在翻修，我們便不得不繞道而行——這種差異和我們對差異的反應，就會闖入意識，然而，如果這種差異又再度具有經常反覆的性質，它們就已經處於門檻之下，很快會從意識中消失。面對發生變化的兩種可能的選擇時，會產生分岔點，而且可能以相同的方式被確定下來。如果大學的課堂和物理實驗室都是我們經常去的目的地，我們不用多思索，就能正確地在某個地點轉彎，或者去課堂，或者去物理實驗室。

於是，差異、對差異的不同反應、分岔點等等，就以這種方式一一累積起來，數量之大，簡直無法衡量，但是唯有最近的差異、對差異的反應和分岔點等，才會保留在意識領域裡，只有和生物仍處於學習或實踐階段有關的那些差異、對差異的反應和分岔點等，才會保留在意識領域裡。我們可以打個比方，意識是監督生物進行學習的教師，但是要讓學生獨立處理他已經受過充分訓練的功課。不過我要再三強調，以上管見不過是個比方，事實只是：新的情況和它們引起的新的反應，才會作爲意識被保留下來；而舊的情況和經過充分實踐的反應便不再保留。

日常生活中成百上千個操作和舉動，以前全都得學會，而且要非常認眞和刻苦地學會。舉剛想學步的小孩爲例：剛開始的那幾步是他的意識焦點；一旦成功，就會興奮得叫起來。但是當成年人繫鞋帶、開燈、晚上脫衣服就寢、用刀叉進餐……時，這些動作，這一切以前不得不努力學會的動作，絲毫不會攪亂他腦中正在思考的問題。當然，偶爾也可能出點小笑話，有個著名的數學家就有這樣的故事：據說有天晚上，他邀請客人在家中聚會，但是客人到齊後不久，他妻子卻發現他關了燈躺在床上。這是怎麼回事呢？原來，他是回臥室換一件乾淨的襯領，但是脫去舊襯領這個動作，引發了在他思想中已經根深蒂固的，脫去襯領以後習慣緊接著的一連串動作。

從我們個人的生活經驗來說，這整個事情是非常清楚的，我認爲，它有助於了解諸如心臟跳動、腸子蠕動等無意識神經過程的演化史。面對幾乎不變或有規律變化的情況，這種過程會非常準確而可靠地發生，因此，早已從意識中消失。在無意識的神經過程中，我們也發現了中間狀態。例如，呼吸通常都不是故意進行的，但是由於情況的變化，如空氣中有煙霧，或是氣喘病發作，這時呼吸就可能發生變化，成爲有意識的動作。另一個例子是，因爲悲傷、喜悅或身上疼痛而啼哭，雖然這是有意識的活動，但是也可能幾乎不受意志的支配。此外，大腦內建的反應機制也可能導致可笑的結果，例如，因恐懼頭髮會豎起來，因緊張興奮唾液會停止分泌；這些反應在過去一定有某種意義，但是，在人類身上已經失去了該意義。

我懷疑，大家是否會同意我以下要談的，就是利用以上的觀念去討論非神經過程。此刻我僅略提一下它，儘管就我個人來看，這是最重要的問題。因爲這個大綱正好有助於說明我們一開始就提出的問題：哪些物質活動與意識有聯繫，或者說伴有意識？哪些物質活動則否？我提出的答案如下：前面我們所做的說明，講的是神經過程的特性，一般說來，這也是生命過程的特性，也就是說，只要那些神經過程是新的，它們就會和意識相聯繫。

在瑟蒙所用的概念和術語中，不僅大腦，就連整個人的發育過程，都是事件經過一連串的反覆而給熟記起來的，它們以前曾用同樣的方式發生過至少一千次。正如我們從自身經驗所知，在個體發育的最初階段，也就是在母親子宮裡的最初時期，它是沒有意識的；但是，即使在以後幾週或幾個月中的大部分時間裡，也是在睡眠中度過的。而在此期間，胎兒會逐漸養成某些習慣姿勢，因爲它們反覆從事那些活動，很少改變。由於有了逐漸開始與環境相互作用的器官，而且這些器官使自身的功能與情況變化相適應，它們受環境的影響而進行各種實踐，並以一定的方式被環境改造，只有在這個時候，續後的有機體發育才開始伴有意識。我們高等脊椎動物，主要在神經系統中有這樣的器官，因此，和意識有聯繫的是透過我們稱之爲經驗的東西，使自身功能適應環境變化的那些器官。人類仍在演化中，神經系統是進行演化變化的場所，打個比方說，它是我們人類這棵大樹的「樹頂」。我想把我的整體假設歸結如下：意識與生物的**學習**（learning）活動有關，而**學會之後**（Konnen）就不要意識了。

三、倫理學

即使沒有上述的大綱——我認為那是個很重要的觀點，但是別人可能仍然對它半信半疑——我已經概略提出的意識理論，似乎為用科學方法理解倫理學開了路子。

無論時地，每一套必須認眞對待的倫理準則，其基礎都是自我否定。道德教條總是採取「你應該……」這種形式的命令或挑戰，一般都違反原始本能。「我想要……」和「你應該……」這種奇怪的對立是何時出現的？我必須抑制我的原始慾望，否定我自己，改變自己等等，這些要求難道不荒謬可笑嗎？或許比起其他時代，在我們這個時代裡，的確更常聽說下面這種要求受到嘲笑。「我就是我自己，給我發展個性的機會！我要按照大自然賦予我的願望自由發展！一切違背我的願望的道德戒律，全是一派胡言、牧師的騙局。神就是自然界，由於自然界已經將我塑造成她所希望的人，所以自然界是可以信賴的。」我們偶爾可以聽到這些口號。要駁斥這種赤裸裸的表白並不容易。康德（Kant）提出的道德命令是根本不合理性的。

值得慶幸的是，這些口號的科學基礎漏洞百出。深入了解有機體的「演變」，就容易理解，人類有意識的生命，必然是——我不願說「將是」——一場不斷反對原始自我的鬥爭。對於我們的自然自我來說，我們的原始本能，顯然是從祖先那兒遺傳來的心理特質。人類這個物種仍在演化中，生生不息，所以個人生命的每一天就代表著人類演化極小的一部分，這種演化還正在全力進行中。誠然，一個人一天的生命，甚至於任何個人的一生，好像只是對一座永遠完成不了的雕像，用鑿子輕輕地敲了一下。但是，人類過去經歷的整個巨大的演變，就是靠無數次輕雕細鑿實現的。造成這種變革的物質，發生這種變革的前提，當然是可以遺傳的自發性突變。然而，爲了從這些突變中進行選擇，突變載體的性狀和它的生活習性格外重要，並有決定性的影響。否則，即使在很長時間裡——此時間畢竟有限，且我們對其限度又十分了解——我們仍然無法理解物種起源和進行物種選擇所依據的、明顯的既定趨勢。

在人類演化的每個階段，在我們生命的每一天中，可以說，人類身上具有的某種東西，不得不起變化，不得不被新東西戰勝、消滅和取代。我們原始本能所作的抗爭，在心理上和雕像的原形對改變原形的鑿刀的抗爭是可比擬的。因爲人類自己同時既是鑿刀，又是雕像，既是征服者，又是被征服者。這是一種名副其實、連續不斷的「自我征服」（self-conquering, *Selbstuberwindung*）。

但是，道德的演化過程非常緩慢，不僅和個人短暫的生命時間比起來如此，和歷史時代比起來更是如此，所以認爲道德演化應該直接在意識中發生，不是很荒謬嗎？它不是應該不知不覺地在發展嗎？

不。根據我們前面的討論，它本來就不應該。我們已經說過，意識與生理過程有關，那些過程會與變遷中的環境不斷互動而發生變化。此外，我們的結論是：只有那些仍然處於受訓階段的變化，才能意識到，很長時間以後，這些變化就成了人類具有的一種固定不變、可以遺傳、訓練有素、不屬於意識的東西。簡言之：意識是演化界的現象，只要世界在演化，創造新形式，就有自覺。任何地方一旦停滯就會退出意識，除非它們與正在演化中的地方互動。

如果贊同以上的看法，那麼接著要談的就是，意識和自我衝突是密不可分的，甚至可以說，它們彼此是必然相稱的。這種說法聽來像是詭論，但是，有史以來各民族中最睿智的人已表明，這種看法是可以證實的。那些功業彪炳的偉人，那些用生命和語言塑造和改造吾人稱之為「人性」（humanity）的藝術品的男人和女人，他們用語言、文字，甚至是生命證明了，他們已經受到了自我衝突的痛苦折磨。希望這也能作為對曾經遭受痛苦的人們的安慰吧：沒有痛苦，就不會產生任何不朽之作。

請別誤解我的意思。我是個科學家而不是德育教師。別誤會我正在推銷以下看法：由於有一個有效的動機在散播道德率，所以人類正朝向一個更高的目標演進。這是辦不到的，因為這是一個無私的目標，一個無私的動機，因此，承認這個目標，要以德操為先決條件。我覺得我像別人一樣，無法解釋康德所提出必須履行的「道德命令」。以最簡明的一般形式表現的道德準則（無私！）顯然是個事實，它是客觀存在的，它甚至是大多數不常遵守道德準則的人所一致同意的。道德的存在令人感到困惑，我則將它看作是人類開始從持利己主義的生物，轉變成利他生物的標誌，是人類快要變為社會性動物的標誌。就單個動物而言，利己主義往往是保持和改良物種的美德，然而在任何群體中，利己主義都是具有毀滅性的惡德。一種開始形成嚴密組織的動物，如果不大力限制利己主義，便會滅亡。像蜜蜂、螞蟻和白蟻這類比較原始的「國家建構者」，就完全放棄了利己主義。然而，利己主義的下一個階段，國家自我主義（national egoism），或國族主義，在牠們之中仍很盛行。一隻迷路飛進別的蜂巢中的工蜂，會立即被螫死。

目前在人類中，似乎出現了某種並非少見的情況。遠在利己主義快要變爲利他主義之前，國家主義已經出現了。雖然我們仍是強有力的利己主義者，但是我們許多人都明白，國家主義也是一條應該放棄的邪惡行徑。現在，或許出現了一種很奇特的現象，第一個步驟雖然還遠未實現，也就是由利己主義轉向利他主義的變化還未達成，所以利己主義的動機，仍然有強大的號召力，但是卻可推進第二個步驟，也就是消弭族群鬥爭。我們每個人都受到可怕的侵略性新武器的威脅，所以渴望實現國家之間的和平。如果我們都像蜜蜂、螞蟻，或拉塞達埃蒙武士（Lacedaemonian warriors）①無所畏懼，認爲膽怯是世界上最可恥的行爲，那麼世界將永無寧日。不過，幸好我們都是人，而且是膽小的人。

①即古希臘斯巴達人。——譯注

我從很久以前，就開始對這一章的內容進行思考並得出結論。這雖已是三十多年前的事，但我從來沒有忘記這些看法和結論，只是我很擔心別人可能不同意這種看法，因爲這些看法似乎是以「獲得性遺傳」爲理論基礎，換言之，是以拉馬克主義（LAmarckism）爲理論基礎。我們不想承認這些看法是建立在拉馬克主義上，然而，即使不同意拉馬克的看法，換句話說，我接受達爾文的演化論，但是我們仍會發現物種成員的行爲，對於演化的趨勢有很重要的影響，所以產生了容易誤會成符合拉馬克看法的現象。在下一章我要提出解釋，而且會引用朱利安．赫胥黎（Julian Huxley）的權威看法，但是下一章是爲了稍微不同的問題而寫的，不只是上述的論證。

第二章 悟性（UNDERSTANDING）的未來

本章內容最初於一九五〇年九月，在英國廣播公司歐洲臺分三講連續廣播；以後與《生命是什麼？》以及其他短篇論文合訂出版（Anchor Book A88, Doubleday & Co., New York）。

一、演化的死巷？

我想我們絕不可認爲，我們對世界的了解已達到明確的或者最後的階段，在任何方面都已達到最大限度，或是最完美的程度。我這樣說不僅是指，我們對各門學科的繼續研究、對哲學的探查、對宗教的努力，都可能擴大眼界並改進我們現在的觀點。而且我想說，用這種方法將來，比如二千五百年以後，我們可能獲得的知識——用我們自普羅泰戈拉（Protagoras）、德謨克利特（Democritus）、安提西尼（Antisthenes）以來獲得的知識進行估計——和我在這裡將提到的相比，還是微不足道的。我們沒有任何理由相信，大腦是反映世界的至高無上的（ne plus ultra）思維器官，很可能某個物種將能夠獲得一種類似的新玩意兒，它相應的形象和人類的相比，就像人的形象和狗的相比，以及狗的形象和蝸牛的相比一樣。

如果是這種情況，那麼——雖然在原則上是不相關的——就個人的原因而言，可以說，使我們感興趣的是，我們自己的子孫後代，或者我們某些人的後代在地球上是否能達到任何此類的高級狀態。地球沒問題。它還是適合生物生存的年輕行星，它繼續處於適合人居的條件的時間（比如十億年）約等於人類從邃古之初發展到目前狀況所花費的時間。但是我們人類沒問題嗎？如果大家贊同當代的演化論——事實上，目前也沒有比它更好的理論——那麼從理論上看來，我們似乎已經和未來的發展無緣了。

人類在體格上仍然會演化嗎？我指的是作爲遺傳特徵逐漸固定下來的體質，就像由遺傳固定的人類現在的身體這樣，還會發生變化嗎？用生物學術語說，就是人類還會有「基因型變化」嗎？這個問題很難回答。我們可能快要到演化盡頭了，甚至已經到了盡頭。這不會是個特殊的事件，而且也不代表我們人類很快就會絕種。從地質學記載中，我們知道有些物種，或者甚至大的種群在很久以前，似乎已經不可能再演變，然而，它們並未滅絕，而是幾百萬年來一直保持不變，或者說，沒有重大變化。例如烏龜和鱷魚在這種意義上就是非常古老的種群，是遠古的殘留動物。我們還知道，昆蟲整個大的種群處境差不多是相同的，它們組成了比動物王國中其他物種加在一起還要多的物種數。但是幾百萬年以來，它們的變化極小，而且在此期間，地球上其他的生物已經歷了翻天覆地的變化。阻礙昆蟲進一步演化的原因大概是，它們採取了下述的方案（大家應該不會誤解我這種比喻性的說法）：它們的骨骼長在身體外部，而不像我們人類的骨骼長在身體內部。這種外部的盔甲，除了有機械固定作用以外，還有保護作用，但是從出生到成熟期，它不能像哺乳動物的骨骼一樣生長，這種情況必然使個體在生活史中很難逐漸發生適應性的變化。

至於人類的情況，有幾種看法似乎認爲人類不會再演化。自發性可遺傳的變化——現在稱爲突變——根據達爾文的理論，是天擇的素材，一般來說，微小的有利突變，即使受天擇青睞，也只產生微小的優勢。因此，在達爾文的推論中，演化發生的重要關鍵在於有極大量的後代，而其中只有很小一部分可能存活下來。因爲如此，增進生存的少許改良才比較有可能發生。而在文明族群中，這整個機制似乎已停頓，在某些方面，甚至反轉過來。一般說來，我們不願意看到我們的同類受苦和死亡，所以逐漸引入一些法律和社會制度，以便一方面保護生命，譴責故意殺害嬰兒的行爲，幫助每個病人和弱者生存下去；另一方面，那些制度必須替代自然機制，只要養得起，我們就必須扶養不適者的後代。這是透過兩種方法實現的：一種是直接的方法，控制生育，另一種是不讓相當數量的婦女結婚生孩子。當代人都知道，偶爾也有瘋狂的戰爭和隨之而來的災難和失誤，可以在人類平衡方面發揮功能，有數以百萬計的男人、婦女以及兒童會因飢寒交迫，無家可歸和傳染病而死亡。雖然有人認爲，在遠古時候，小的部落或氏族之間的戰爭，有天擇的積極意義，但是現在似乎值得懷疑，在歷史上果眞如此？而且毫無疑問，現在的戰爭完全沒有任何天擇上的積極意義。現代戰爭意味著良莠不分的殺戮，猶如醫藥和外科手術的進步導致良莠不分地拯救人命一樣。雖然依我們的看法，戰爭和醫術應該是針鋒相對的事物，但是兩者似乎都沒有任何天擇的價值。

二、達爾文主義的悲觀表象

根據以上的看法，作爲一個演化中的物種，人類已經停滯下來了，在生物本質上也少有演化餘地。即使果眞如此，我們也不必擔心。我們仍可能繼續生存幾百萬年，而沒有任何演化跡象，就像鱷魚和許多昆蟲一樣。雖然從某種哲學觀點來看，這種看法是令人沮喪的，但是，我倒想論證相反的命題。爲此，我必須開始討論演化論某方面的內容，我在朱利安·赫胥黎教授著名的論述演化的著作①中找到了支持的意見。根據他的看法，當代演化論者對這方面始終未能充分重視。

① *Evolution: A Modern Synthesis*, George Allen and Unwin, 1942

對達爾文理論做通俗的說明，很容易引起大家產生悲觀失望的看法，因爲該理論認爲，在演化過程中，有機體顯然是消極被動的。在基因組——「遺傳物質」——中突變是自發產生的，我們有理由相信，突變主要是由於物理學家稱作的「熱力學漲落」（thermodynamic fluctuation）引起的，換言之，也就是純偶然性引起的。個體既不能對由雙親繼承來的寶貴遺傳物質有絲毫影響，也不能對遺傳給子孫後代的遺傳物質有任何影響。突變是根據「物競天擇，適者生存」原則發生的。這似乎又是指純偶然性，因爲它表示，有利的突變增加了個體生存和繁殖後代的機會；個體也能將所謂的突變遺傳給子孫後代。除此以外，個體終生的活動似乎都和生物演化無關。因爲個人一生的任何活動，在生物遺傳方面對子孫後代都沒有影響：後天性狀並不遺傳。個人獲得的技能和訓練都會喪失，不留任何痕跡，它們會隨著個人的死亡而消失，不會遺傳給子孫。在這種情況下，一個有智慧的人會發現，大自然可以說是拒絕跟他合作，大自然自行其事，注定個人無所作爲，一切都是虛空。

大家都知道，達爾文的理論並不是第一個關於演化系統的理論。在此之前就有拉馬克的理論，這種理論完全以下面的假設爲基礎：個體在生育之前，由於特殊環境和行爲所獲得的全部新性狀，通常都能夠遺傳給後代，就算不是完全的活，至少也有些蛛絲馬跡。因此，如果一個動物因生活在山岩或沙地，腳底長出保護性的厚繭，這種厚繭會逐漸有遺傳性，使得後代無須努力獲取，就會自然而然的得到這份免費的禮品。同樣地，力量、技能，甚至個體爲某種目的不斷使用器官而產生的重大適應性變化，都不會喪失，而能遺傳給後代，或至少是部分遺傳給後代。這個觀點不僅對一切生物爲了適應環境而產生的複雜且驚人的適應性，提出了一個極簡易的解釋；它還是漂亮的，令人歡欣鼓舞且振奮人心的。它比達爾文主義所提出的那種顯然令人沮喪的看法遠爲吸引人。根據拉馬克的理論，一個認爲自己是長演化鏈中一環的有智慧的人，可以充分相信，他在智力和體力兩方面爲提高自身能力所做的努力，從生物學意義上說，是不會喪失的，而會爲人類向越來越高級的完美境界發展，發揮一份微小但是不可缺少的作用。

不幸的是，拉馬克主義是站不住腳的，它的理論基礎，也就是後天性狀可以遺傳的觀點，是錯誤的，我們已充分了解，後天性狀是不能遺傳的。進化的單一步驟是那些自發的、偶然的突變，它們與個體一生中的行爲毫無關係。所以我們似乎又要回到我在前面提到的達爾文主義的悲觀面。

三、行為影響天擇

現在我想向你們說明，達爾文主義並非全然是悲觀的。不用改變達爾文主義基本看法的任何內容，我們也可以發現，個體行爲利用內在機能（inner faculty）的方式，在演化中有相當重要的影響，甚至可以說，有最重要的影響。拉馬克的觀點中有一個眞正的核心，那就是要使一種特性——一個器官、任何性狀或能力，或身體特徵——能得到實際有益的利用，並能在子孫後代中發展這種特性；同時，爲了有益地使用這種特性，而在逐漸對此特性加以改進之間，存在一種不可排除的偶然聯繫。我認爲，「用」與「進」的這個關聯是對拉馬克的正確解讀，而且也與我們現在所了解的達爾文主義相契合，只是單從表面上看達爾文主義時，很容易忽視這一點。事件發生的過程與假設拉馬克理論是對的差不多相同，只是事物賴以發生的「機制」比拉馬克所認爲的要複雜。這個問題不容易說明和理解，所以我在這兒先行扼要說明一下結果，可能會大有裨益。

雖然前面提過這種特徵可能是任何性狀、習性、部件、行爲，甚至是此特徵上的微小附加物或變化，但爲了避免含糊不清，我們只用器官來作解釋。拉馬克認爲，這個器官（一）被運用↓（二）於是被改進↓（三）這種改進遺傳給後代。這種看法是錯誤的，我們必須認爲，這個器官（一）經受偶然的變異↓（二）有益的變異累積起來，或至少透過選擇而更加明顯↓（三）這種情況一代代繼續下去，於是經過選擇的突變就形成持久的改進。依照朱利安・赫胥黎的看法，類似拉馬克主義的例子中最驚人的一個是：開創新演化方向的初始變異不是眞正的突變造出的，不能遺傳。然而，如果是有益的變異，這些變異就可能透過赫胥黎稱作的「器官選擇」（organic selection）而更加明顯。也就是說，當這些變化碰巧在「合乎需要的」方面出現時，它們就算是爲即將被控制的眞正突變鋪平了道路。

現在讓我們談一些細節。在這段過程中，最重要的是要明瞭，透過變異、突變或者是突變加上小小的選擇，所獲得的新特性或是改進的特性，可能很容易激發與環境有關的有機體採取會增加新特性用處的行動，從而加強對特性選擇的「控制」。擁有這種新特性或是已變化的特性，可能促使個體改變其生存的環境——或者實際改造環境，或者遷徙，也可能促使個體改變對環境採取的行爲。所有這一切，都是採用有力的方式，以便加強新特性的用途，從而加速這種特性朝同一方向作進一步有選擇的改進。

大家可能認爲這個論點很大膽，因爲個體若是要這樣做，就似乎要有目的性，甚至要有高度的智力。但是，我想明確地指出，雖然我的看法確實包括高等動物有智慧、有目的的行爲，但是絕非只限於高等動物。舉幾個例子來說明：

在一個群體中，並不是所有個體所處的環境都相同。有一種野花，其中有些碰巧生長在背陽處，有些則生長在向陽的地方，有些長在巍峨高山的上部，另一些則長在較低矮處或山谷裡。葉子有茸毛的突變體在海拔較高的地方是比較有利的，在地勢高的地方透過選擇就有利於這種突變發生；但是在山谷裡，這種突變體就活不下去。結果就好像是這種葉子長有茸毛的突變體，會自行遷移到有利於朝同一方向進一步發生突變的環境裡一樣。

另一個例子是：鳥類的飛翔能力使它們能將巢築在高高的樹枝上，好讓某些天敵較難接近幼鳥。起初，只是喜歡在高處築巢的鳥得到了選擇這種巢位的好處；接著便是因爲棲息在高處，所以必須在幼鳥中選擇飛行熟練的幼鳥。於是，特定的飛行能力便引起了環境的變化，或是對環境採取的行爲，這有利於同一能力的累積。

生物最顯著的特點是劃分爲許多物種，其中有許多物種具備十分獨特，而且常常是微妙的功能，它們依此而存活。動物園差不多是個珍品展覽會，如果還能包括各種昆蟲的生命發展史，那就更是如此。非特化是例外，匠心獨運的特化才是通例，許多生物「如果不是大自然的傑作，任何人都想不出來」。很難相信它們都是由達爾文式的「偶然累積」所造成的。

生物遠離「平凡而簡單的」設計，在某些方向朝向複雜發展，其驅力之強，令任何人都不由自已地動容。「平凡而簡單」似乎代表事物不穩定的狀態，對它的背離激發出力量——看來如此——朝同一方向更進展一步的背離。如果任何人習慣按照達爾文原有的概念來思考問題，認爲某個裝置、機制、器官、有用的行爲等演變，是由一長串彼此獨立的偶然事件產生，那麼他就會很難理解「由平凡簡單向複雜發展」的說法。我相信，其實只有「在特定方向上的」初始微小開端才是由偶然事件構成的，接下來就會透過選擇的方法，朝最初獲得優良特性的方向，越來越系統性地爲自身創造「錘煉可塑性材料」的環境。用比喻的說法來解釋：物種已經發現生存的機遇在哪個方向，並且將繼續遵循這條道路發展。

四、偽裝的拉馬克主義

我們必須設法用一般的方法來理解，並且用非泛靈論（non-animistic）的方式來做系統闡述，偶然的突變如何能不僅使個體具備某種優勢有利它在某種特定環境下存活，而且往往能增加其優勢被善用的機會，以便把對環境有選擇的影響凝聚在自己身上。

爲了揭示這種機制，我們把環境大略地分爲有利的和不利的兩類。前一種環境包括食物、飲水、棲息地、陽光和許多其他東西；後一種環境包括來自其他生物（天敵）、有毒食物和艱苦環境的危險。爲了簡明起見，我們將前一種叫做「必需品」（needs），後一種叫做「敵人」（foes）。物種未必能得到所有必需品，也未必都能躲得過所有敵人。但是無論何種生物，在躲開死敵和用最容易得到的必需品滿足最迫切的需要時，都必須採取折衷的行為，以便使自己能夠存活。

有利的突變使生物較容易得到必需品，或是減少某些敵人的危害，也或者是兼而有之。因此，具有這種有利突變的個體就增加了存活的機會，不僅如此，這種突變也使最有利的折衷辦法起了變化，因為它改變了生物所承受的那些與必需品或敵人有關的相對重要性。依賴偶然性或智力而改變行為的個體，處於更有利的地位，並因而被選擇了。這種行為的變化不會透過基因組，也不會透過直接遺傳傳給下一代，但是這並不表示，它不會傳給下一代。可以用先前提過的那種（廣布山坡上的）發展出有茸毛突變體的花，作為最簡單最基本的例子。主要適合長在高山地區、有茸毛的突變植物，把種子撒在高山地區，結果使得「有茸毛」的下一代，可以說算是「爬上了山坡」，「以便更好地利用其有利的突變」。

在所有這些觀點中，我們必須牢記的是，通常整個大自然的形勢是不斷變化的，生存的鬥爭是非常艱苦的。繁殖力相當強、當時能夠生存但數量沒有明顯增加的生物，通常更容易受天敵而不是必需品的制約——單一個體的生存則是例外。此外，敵人和必需品往往是互有關聯的，結果是只有不怕某種天敵，才能得到迫切的必需品（例如，羚羊不得不到河邊飲水，可是獅子也像牠一樣知道那個地方）。對付敵人和尋找必需品錯綜複雜地交織在一起，是生物的全部生活方式。因此，對於那些不怕危險並因而躲開其他危險的有突變的動物來說，透過一定的突變而稍微減少某種危險，可能具有相當大的關係。這不僅可能在上述基因特徵方面，而且在使用這種特徵的

（有意或隨意使用的）技巧方面，都會產生明顯的選擇效果。透過示範，透過一般意義的學習，這種行爲可以傳給後代。接著這種行爲的變化，又增強了朝相同的方向進一步發生突變的選擇價值。

這樣說明的結果，可能和拉馬克所描繪的機制十分相似。雖然無論是學到的行爲，還是伴隨它的體格變化都不會直接傳給後代，但是行爲在發展過程中卻有重要的決定性作用。但是，這種偶然的聯繫並不是拉馬克所想像的情況，而是正好相反。不是行爲改變雙親的體格，並且透過物質遺傳改變子孫後代的體格；而是雙親身體的變化——透過選擇直接或間接地——改變他們的行爲，而這種行爲的變化，透過示範、傳授或者以更原始的方式，隨著基因組所帶來的身體的變化傳給子孫。不僅如此，就算身體的變化並不是可遺傳的變化，但是「經由傳授」所產生的行爲卻可能是非常有效的演化因素，因爲它爲接受未來可遺傳的突變敞開了大門，同時也爲最充分地利用這些突變，並且讓它們受到強烈的天擇壓力。

五、習性和技能的遺傳固定

有人可能會提出異議，認爲我們在此敘述的情況可能是偶然發生的，無法繼續不斷地發生，所以不能當做適應演化的根本機制。因爲行爲變化本身並不是透過物質的遺傳，也就是並非透過遺傳物質——染色體——傳給後代的，所以最初當然不會在遺傳中固定，而且很難弄清楚它究竟怎樣開始和寶貴的遺傳物質結合。這個過程本身就是個重要的問題，因爲我們確實知道，習性是遺傳而來的，只須舉幾個明顯的例子就可以說明這一點，例如：鳥有築巢的習性，我們觀察到我們所養的狗和貓有各種愛清潔的習性等等。如果用正統的達爾文式觀點無法解釋這一點的話，那麼達爾文主義就只能被拋棄了。當這個觀點應用到人類身上時，這個問題就變得非常重要，因爲我們希望能藉此推論出，個人生平的奮鬥和努力，在非常恰當的生物學意義上說，對人類發展具有一份不可缺少的貢獻。我認爲情況可以簡述如下。

根據我們的假定，行爲的變化和體格的變化是相輔相成的。起初行爲變化是體格變化中的一個偶然變化的結果，但是很快地，行爲變化就將進一步選擇的機制納入確定的軌道，因爲，如果行爲已利用了最初的有利條件，那麼只有同一方向的進一步突變，才會有選擇上的價值。但是隨著（比如說）新器官的發達，行爲與這種器官的關係會越來越密切，行爲也因此與體格融爲一體。你有了靈巧的手，絕不可能不用手去達到自己的目的，否則這雙手只能礙事（如同初次登臺的業餘演員，一雙手往往不知往哪兒擺，因爲他不知道用手做什麼好）。你有了會飛翔的翅膀，絕不可能不想飛；你有一副能變音的嗓子，就不可能不試著模仿你聽到的周圍的聲音。在具有某個器官和急於要使用它，並經由實踐以提高技能之間進行區別，並且認爲兩者是上述有機體的不同特點，這是一種人爲的區別，要透過抽象語言才能做到，但是在自然界卻找不到與之相對應的東西。

當然，絕不能認為，「行為」終究會逐漸闖入染色體（或是諸如此類的物質）的結構中，而且在那兒獲得「座位」（loci）；而是新器官本身（它們的確在遺傳中固定下來）的出現，才隨之帶來了習性和使用器官的方法。如果有機體沒有一直恰當地利用器官，幫助選擇，那麼，選擇就不能「產生」新器官。這一點非常重要，因為這樣一來，行為和器官才能相應發展，於是最後，或者說其實在每個階段，兩者就融為一體，成為『用進的』器官」在遺傳中固定下來。這樣說來，似乎拉馬克的意見是正確的。

將這種自然發展的過程和人類製造一種儀器相比，就比較容易說明這個道理。乍看之下，兩者似乎有明顯的區別：假設我們在製造一個精細的機械裝置，若是在離完工還早得很時，就缺乏耐心，總想反覆試用，結果多半會將這個裝置弄壞。大家可能會以為，自然界的情況不同，只有透過不斷地使用、探查和觀察其效能，自然界才能產生新的有機體和器官。但是事實上，這種對比是不妥當的。人類製造一件儀器的情形，其實較相當於個體發育的過程，也就是相當於個體由受精到成熟期的生長過程，在這個階段中，過多的干預是不受歡迎的。年輕的個體必須受到保護，在他們長得身體健壯、學到同類的本領以前，一定不能讓他們幹活。

舉自行車歷史演變展覽會的例子，或能說明有機體演化發展的過程，因為這兩者之間可以進行真正的比較。自行車歷史演變展覽會呈現，此機械如何逐年地、一個十年又一個十年地逐漸變化，同樣，我們也可以用火車頭、汽車、飛機、打字機等例子進行比較說明。在這裡，就像自然發展過程一樣，不斷使用並在使用過程中進行改良現有機型，顯然是必不可少的步驟。但並非完全透過使用來進行改良，而是透過獲得的經驗和提出的意見，進行實際的改良。順便說一下，用自行車做比較說明的是上述一種舊的有機體的情況，這種有機體已經達到可獲致的完善地步，因而不再做進一步的變化，可是這種有機體並不會立即消亡！

六、智力演化的危機

現在讓我們回到本章開頭的部分。我們是從下面這個問題開始的：人類在生物學方面還可能再演化嗎？我認爲，我們的討論現在已經提出兩個相關且十分重要的要點。

第一點是行爲在生物學上的重要性。雖然行爲本身不會遺傳，但是它不僅能經由對環境的適應，而且還能和內在的本能一致，從而使自身和以上兩種因素中任何一種的變化相適應，可以大大地加速演化過程。植物及低等動物透過緩慢的天擇過程，也就是透過嘗試錯誤，能獲致適當的行爲，而人類由於具有高度智慧，可以透過抉擇採取行動。這種難以估價的有利條件，可以很容易地克服人類繁殖緩慢，數量相對稀少的不利條件。爲了要讓所有人都生存下來而減少生育，從演化的角度來說是危險的作法。

第二點，關於人類是否可望再有生物演化的問題，這是與第一點緊密聯繫的。在某種程度上，我們可以得到完全的答案，也就說能不能再有演化，完全取決於我們自己和我們的作爲。我們絕不能守株待兔、聽天由命。如果想要有演化，就必須有所作爲；如果不想演化，就什麼也別做。正如政治和社會的發展以及系列歷史事件，這些事件大多不是命運強加給我們的，而主要是取決於人類自己的行爲一樣，人類生物演化的前途，不過是宏觀的歷史，我們絕不可認爲它是一種早已由自然法則注定的，不能改變的命運。即使在看待人類就像我們看待鳥類和螞蟻的超人眼裡，人類的演化與否好像是早已由自然法則註定的，但是，無論如何，對做爲歷史大戲的演員的我們人類來說，並非如此。人類往往認爲狹義上和廣義上的歷史是由人類無法改變的法則支配，是命中註定的事件，其原因十分明顯；因爲每個人都感到，除非他的意見能被其他許多人所接受，並能說服他們按照自己的意見調整行動，否則他自己對於歷史事件是沒有什麼發言權的。

至於爲了保證人類的生物前途，必須採取哪些具體行動？我只想提一點我認爲是主要的看法。我認爲，我們正處於錯失「通往盡善盡美之途」的嚴重而危險的時刻。如上所述，天擇是生物演化必不可少的條件，如果完全取消天擇，生物就會停止發展，不僅如此，還可能倒退。用朱利安．赫胥黎的話來說：「……當一個器官變得無用時，退化性的（消亡）突變就會佔優勢，使得器官退化，天擇因而不會再爲保持器官符合實際的要求而發揮作用。」

所以我認爲，大部分生產過程越來越機械化和「愚蠢化」，會使人類智力器官有退化的嚴重危險。由於手藝無用而採用機器裝配線的沉悶枯燥的工作日益普遍，使得聰明的工人和反應遲鈍的工人謀生機會愈加均等，於是智慧的頭腦、靈巧的雙手和敏銳的眼睛就愈來愈無用武之地。的確，笨人因爲覺得枯燥無聊的勞動比較容易，因而得到了好處：他可能感到比較容易謀生，能夠成家立業，生兒育女。這樣發展下去的結果，可能很容易使得在人類的才能和天賦方面，發生劣幣逐良幣的情形。

現代工業社會生活的艱苦性，導致制定了某些旨在減輕這種艱苦的制度，以便保護工人免受剝削和失業，和採取許多其他福利和安全措施等等，這些制度被人們認爲是有益的，而且已經是不可缺少的。但是我們仍然不能不看看以下的事實：這些制度減輕了個人照料自己的責任，並且使每個人機會均等，但是也往往取消了才能方面的競爭，結果使人類的生物演化陷於停頓。我知道，此論點是具高度爭議性的，有人可能會提出強有力的理由說，現在關心人類的福利，就不必爲人類未來的演化擔憂。不過，幸好我也是這麼認爲的，依我的主要論據來看，兩者應並行不悖。

除了貧困之外，無聊也已成爲人類生活中最嚴重的禍害。我們不應該讓已發明的精巧的機器，生產出愈來愈多的過剩奢侈品，而是必須有計畫地研製機器，以便取代人類對一切不用智力的、機械式的、「單調的」操作。機器應該做不值得人做的工作，而不是因爲使用機器花費太高，就由人去做這些工作，可是現在人們卻經常在做使用機器會花費太高的工作。讓機器去做枯燥的工作，往往不會使生產成本降低，但是卻會使從事生產的人心情比較愉快，但是只要全世界的大企業間盛行競爭，推行這種作法的希望就很小。這種競爭既令人感到枯燥無味，在生物學上也毫無價值。我們的目標應該是，恢復個人之間應有的、有趣的和運用智慧的競賽。

第三章　客體化原則

九年前，我曾提出作為科學方法之基礎的兩個一般原則：自然界可知的原則和客體化（objectivation）原則。此後，我一再觸及此項題材，最近一次是在我寫的小冊子《自然界和希臘人》（*Nature and the Greeks*）①中提到過。在本章中，我想詳細論述第二者，即客體化原則。

① Cambridge University Press, 1954.

在說明該論點的含義之前，請允許我消除一種可能產生的誤解。雖然我以前認為，我從一開始就曾經想避免造成誤解，但是從對那本書的幾篇書評中，我看出還是可能會產生誤解。情況不過是：有些人似乎認為，我企圖規定幾條基本原則，而它們**應該**作為科學方法的基礎，或者至少應成為科學的基礎，而且應該不惜一切代價堅持這些原則。絕非如此，我反覆強調的不過是，它們**就是**科學的基礎——這些原則是古代希臘人留給我們的遺產，我們一切西方科學和科學的思想都起源於古希臘人。

這種誤解並不令人十分震驚。如果人們聽說一位科學家宣布科學的基本原則，尤其強調其中兩個原則是基本的、由來已久的原則，大家便自然會認爲，他至少非常支持這兩個原則，甚至要求科學一定要那樣。可是另一方面，大家要知道，科學從不強求任何事情，科學**敘述事情**。科學無非旨在對研究對象（Object）作眞實和恰當的敘述。科學家只要求兩樣東西，那就是眞理和眞誠，他們不僅要求自己，也要求別的科學家。目前我們談的就是科學本身，科學在歷史上有一個發展的過程，才有今天的面貌，沒有人規定它**應該**是怎樣，更沒有人規定未來**應該**要怎樣。

現在來談談這兩個原則本身。關於第一個原則：「自然界是可知的」，我在這裡只有幾句話要說。關於這個原則，最令人吃驚的事實是，它必須被發明出來，完全有必要去發明它。這個原則首先是由米利都學派（The Milesian School）的**哲學家兼自然科學家**（physiologoi）提出來的。從那時到現在，這個原則一直沒有人論述過，但是並非始終沒有不同的意見，物理學界目前採取的方針可能就與這個原則有嚴重分歧。測不準原理（uncertainty principle，另譯不確定原理）所謂的自然界缺乏嚴格的因果聯繫，代表了背離這項原則的一個步驟，也就是說，它已經部分地放棄這項原則。如果對此進行討論，應該會令人感到興趣，不過我決定在本章討論另一個原則，也就是我稱之爲客體化的原則。

我所說的客體化，經常被稱爲周圍「眞實世界的假說」。我認爲，客體化就是我們爲了精通自然界這個無限複雜的問題，而採取的某種簡化的方式。要是沒有清楚的認知它並對它進行嚴格系統化的研究，我們就把「認知主體」（Subject of Cognizance）從自然界中排除了。如果我們本身向後退一步，作爲一個不屬於這個世界的旁觀者，這樣一來，這個世界就成了客觀的世界。這種方法被以下兩種情況所掩蓋：第一，我自己的身體（我的心靈活動和身體直接緊密地聯繫在一起）是透過我的感覺、知覺和記憶構成的客體（我周圍的眞實世界）的一部分。第二，其他人的身體也是構成這個客觀世界的一部分。

現在，我有充分的理由相信，其他人的身體也和意識領域的所在（seats of spheres of consciousness）聯繫在一起，或者可以說，就是意識領域的所在。我沒有理由懷疑這些外在意識領域的存在或它們某種眞實性，但是主觀上我絕沒有辦法直接接近它們。因此，我傾向於把它們看作某種客觀的東西，構成我周圍的眞實世界的一部分。此外，既然我自己和別人之間沒有區別，而且從各種角度看都是完全對稱的，我的結論是，我自己也是我周圍這個眞實的物質世界的一部分。也可以說，我將有感覺的自我（他已經把這個世界構想成一種心靈產品），連同從上述一系列錯誤結論得出的、邏輯嚴重混亂的推論放回世界中去。我們將逐一地指出這些邏輯混亂之處。由於我們知道，我們將自己置身於這個世界以外，後退一步去扮演一個無關的旁觀者的角色，以這樣高昂的代價，才看到這一幅還算令人滿意的世界景象，所以我暫時只提兩個最明顯的自相矛盾之處。

第一個自相矛盾之處是，我驚訝地發現，我們對這個世界的構想是一幅「沒有色彩的、冰冷的、默默無聲的景象」。顏色和聲音、熱和冷是我們直接的感覺，難怪在一個我們的心靈自我

（mental person）已被移除的世界模式中，這些東西是缺乏的。

第二個自相矛盾之處是，我們對於心靈對物質發生影響，或者物質對心靈發生影響的地點所做的探索沒有成效。從謝靈頓爵士（Sir Charles Scott Sherrington）①所作的眞誠的探索——他在《人的本性》（*Man on his Nature*）一書中對此做過精彩的闡述，可以很清楚地了解這一點。只有從物質世界中抽出自我，也就是心靈，使心靈脫離物質世界，以此作爲代價，人們才構想出了物質世界；心靈不是物質世界的一部分；所以它顯然既不能對物質世界發生影響，物質世界的任何部分也不能對心靈發生影響（斯賓諾莎用一句很簡明的句子清楚地闡明了這一點，見本書第一七二頁）。

①謝靈頓爵士，因發現神經細胞的功能，與艾德里安（Edgar Douglas Adrian）分享一九三二年諾貝爾稱生理學暨醫學獎。

我想對我已經論述的幾點，再作更詳細的說明。首先，讓我引用榮格（C. G. Jung）一篇論文中的一段話，這篇論文使我非常高興，因爲它從與我完全不同的角度強調與我相同的觀點，不過採取了激烈的謾罵方式。雖然我仍然認爲，從對客觀世界的圖像中排除認知的主體，是暫時爲了得到還算令人滿意的圖像所付出的很高的代價，但是榮格走得更遠，他責難我們爲走出無法擺脫的困境付出了贖金。他說：

一切科學（Wissenschaft）都是靈魂（soul）的一種功能，我們的一切知識便在其中生根。靈魂是宇宙間所有奇蹟中最大的奇蹟，它是作為客體世界必不可少的條件。令人極為震驚的是，西方世界（只有極少數例外）似乎對這種情況很不重視。認知的外部客體好像是汪洋大海，使一切認知的主體退至幕後，往往好像並不存在。①

當然，榮格是十分正確的。而且很顯然，由於他從事心理學研究，他對上述「開局讓棋」（initial gambit）的方法更加敏感，比物理學家或生理學家敏感得多。然而我要說，從一個已堅守二千多年的陣地迅速撤退是危險的，除了能在一個特殊的——雖然是十分重要的——領域獲得一點自由外，我們可能會喪失一切。但是，這個問題已經提出來了，心理學這門相對比較新的學科迫切需要生存空間，它不可避免地要重新考慮這種開局讓棋的方法。這是一項很艱鉅的任務，現在我們在這裡不解決這個問題，我們已經將這個問題提出來，應該感到滿足了。

我們在這裡發現，心理學家榮格抱怨人們在對世界的構想中，將心靈排除在外，用他的說法是忽視了靈魂。現在我想引證一些物理學和生理學這類較古老和較素樸的科學中著名代表人物的話，作爲對照，或者說作爲一種補充，只是爲了說明以下的事實：「科學世界」已變得極度客觀化，結果沒有給心靈及其直接感覺留下任何空間。

① *Eranos Jahrbuch* (1946), p. 398.

有些讀者可能記得愛丁頓（A. S. Eddington）說過的「兩張書桌」的話，一張是他正坐前面，把手臂放在上面的、那張普通的舊家具；另一張是不僅缺乏一切感覺特徵，而且是有許多小孔的一種科學家研究的物體，它絕大部分是虛空，什麼都沒有，其中散布著無數的微粒，即無數正在旋轉、但是總以等於自身尺寸十萬倍的距離分開的電子和原子核。對兩者作了這樣精彩和生動的對比以後，他作了如下的概括：

> 在物理世界中，我們看的是熟悉的生活的影子劇。我雙肘的影子放在桌子的影子上，同時墨水的影子在紙的影子上流過。人們清楚地認識到，物理學與影子世界有關，這是現代最具有重大意義的進步之一。①

①《物理世界的性質》（*The Nature of the Physical World*, Cambridge University Press, 1928）導言部分。

請注意，這項現代的進步不在於物理界懂得了這種投影的特性，自從阿布德拉（Abdera）的德謨克利特以來，甚至在此以前，物理界就已經知道了這一點，不過我們以前卻不知道，還以爲我們正和世界本身打交道。據我所知，到十九世紀下半葉，才開始用模型或圖像來表示科學的概念結構。

不久以後，謝靈頓爵士出版了他的重要著作《人的本性》①，該書從頭到尾都在提出誠實地探索物質與心靈之間相互作用的客觀證據。我強調「誠實」這個形容詞，因爲一個人要尋找自己預先深信（不顧流行的看法）它不存在因而無法找到的東西，是需要十分認眞而誠實的努力。在該書第三五七頁，我們可以看到他對這次探索結果的簡短總結：

① Cambridge University Press, 1940.

> 心靈，就是能知覺到的任何東西，比幽靈更加像幽靈似地進入我們的空間世界裡。它既看不見，又摸不著，甚至是個沒有形體的東西。它不是『物體』，所以它無法用感官證實其存在，而且是永遠無法證實的存在。

用我自己的話來說，我想這樣表述：心靈用自己的素材已經建立起自然哲學家的客觀的外部世界。心靈唯有靠排除自己的簡單化方法，也就是從自己對世界的構想中退出來，才能完成這個艱鉅的任務。因此，客觀外部世界不包括它的構想者。

靠引用謝靈頓的話，我無法向你們轉達這本不朽著作的偉大之處，你們必須親自去讀這本書。不過我還想提出其中幾個更具特點的地方：

> 自然科學……使我們面臨這樣的死胡同：心靈不能彈鋼琴，不能移動一個手指頭。（該

書第二二二頁）

於是我們面臨這樣的死胡同。我們對心靈「如何」影響物質一無所知。這種無力感的情況，使我們不知所措。難道這是一種誤解嗎？（該書第二三二頁）

我們把二十世紀一位實驗心理學家得出的這些結論，拿來和十七世紀最偉大的哲學家斯賓諾莎的簡明論述（《倫理學》第三部分，第二命題）進行比較：

身體不能指揮心靈去思考，心靈也不能指揮身體去運動、休息或做別的事（假如還有別的話）。

這條死胡同就是走不通。那麼難道我們的行爲不是我們自己做的嗎？但是，我們確實感到應該爲這些行爲負責，所以根據不同的情況，我們會爲這些行爲受到懲罰或獎勵。它的確是十分自相矛盾的，我認爲，今天的科學水平還難以解決這個問題，因爲它仍然完全陷於「排除原理」（exclusion pnnciple）中——而不自知——所以才有「悖論」（antinomy）。了解這一點是有價值的，但是不能解決問題，換句話說，你無法透過議會的法案，用立法手段取消「排除原理」，而是必須重新確立科學的態度，科學必須更新。必須謹慎小心。

於是我們面臨以下值得注意的情況。雖然用來構成我們對世界圖像的材料，完全是由作爲「心靈的器官」（organs of mind）的感覺器官產生的，所以每個人的世界圖像現在是，而且始終是由他自己的心靈建構，無法證明有其他任何東西存在。但是「有意識的心靈」（conscious mind）本身在這個圖像裡，仍然是外來人，它在這個圖像裡沒有生存空間，你在任何地方都找不到它。通常我們體認不到這個事實，因爲我們已完全習慣於認爲，一個人的人格（personality），或者說還有動物的，都存在於身體內部，一旦聽說無法在身體內部眞正找到它，我們便大爲驚訝，產生懷疑和猶豫，極不情願接受這種看法。

我們已經習慣於認爲，「有意識的人格」（conscious personality）存在於人的頭腦中，或許我該說，存在於眼睛中點後面一至二英寸的地方。根據不同需要，它從那裡給了我們理解的、慈愛的，或是溫柔的表情，也可能是懷疑的，或是憤怒的表情。我很想知道，人們是否注意到眼睛是唯一單純接受性的感覺器官，我們用天眞的想法是無法認識這一點的。由於我們把實際情況弄顚倒了，我們通常想到眼睛會放射出「視線」，而不會考慮從外部照射眼睛的「光線」。你經常會在低級小報的漫畫中，甚至在某張表示光學儀器或規律的舊式示意草圖中，找到這種對視線的描繪。從眼睛射出的一條虛線，指向某一物體，遠端的箭頭表示方向。親愛的讀者，或者最好說，親愛的女讀者，請回想一下，當妳爲孩子帶回一件新玩具時，他向妳投來明亮而又充滿喜悅的目光，然後再讓物理學家告訴妳，其實這雙眼睛裡什麼也沒有出現。其實，這雙眼睛在客觀上唯一可偵測到的作用是，不斷接觸到並且接受光量子。這就是事實！奇怪的事實！其中似乎少了什麼東西。

我們很難估量，人格在身體中的位置、意識在身體中的位置只是象徵性的，只是爲了便於實際應用。讓我們用已知的所有相關知識，逐步地研究身體內這種「溫柔的眼神」是怎麼回事。我們在那兒發現了極有趣的繁忙景象，或者隨便你說，一臺機器。我們發現眼睛是由數以百萬計的專門細胞組成的結構，它們的精細程度難以測量，但是十分明顯，這種結構能廣泛地、高度完善地相互聯繫和合作。我們發現有規律的電化學脈衝不停地衝擊，當這些脈衝傳導給一個又一個神經細胞時，它們的組態迅速發生變化，一瞬間，斷續發生數萬次聯繫，引起了化學變化，可能還有其他尚未發現的變化。我們已發現這些情況，而且隨著生理學的進步，我們有把握對它會愈來愈了解。

但是，現在讓我們假定，在某種情況下，我們最後觀察到幾束傳出神經脈衝。它們由大腦發出，經過細長的（運動神經）纖維，傳導到手臂的某些肌肉，結果，手臂很不情願地舉起一隻顫抖的手，向你告別——因爲要長期痛苦地別離。同時，你可能發現，其他一些神經脈衝促使某種腺體分泌，結果那雙悲傷可憐的眼睛便飽含眼淚。但是你可以確信，無論生理學有多大的進展，沿著這條路線，從眼睛經過中樞神經到手臂肌肉和淚腺，在這個人的身體之內的任何地方，你都看不到人格，看不到心靈中不幸的痛苦，看不到不知所措的擔憂，雖然在你看來，這些都是確實存在的，就如同你自己在遭受痛苦，感到擔憂一樣——事實上你眞的感受到！

生理學分析向我們提供的「任何其他人」的圖像，如果這個人是最親密的朋友，這種構想令我特別回想起愛倫坡（Edgar Allan Poe）所寫的奇妙的故事，我相信，許多讀者都記得這個故事。我指的是《紅色死神的面具》（*The Masque of the Red Death*）。一位小王子及其隨從官員爲了逃避國內流行的紅色死神瘟疫，隱居到一個與世隔絕的城堡裡。在抵達大約一週後，他們安排了一次盛大的化裝舞會。舞會上有一個戴假面的人，身材高大，全身裹緊，著一身紅衣服，顯然紅色代表瘟神。這個戴假面的人，使大家感到毛骨悚然，一方面因爲他選用了含有惡意的化妝手法，另一方面因爲大家懷疑他是外來人。最後，一個大膽的年輕人，走近這個紅色假面人，猛然揭開他的面罩和頭飾，結果發現他原來是個空軀殼。

我們的腦殼不是空的。但是，我們在裡邊發現的東西，儘管能引起我們強烈的興趣，但當我們用生命和靈魂感情去衡量時，它其實什麼也不是。

認識到這一點，開始時可能使人感到不快。對於我來說，深入想一想，似乎感覺這倒是一種安慰。如果你不得不面對你痛苦懷念的一位已故朋友的遺體時，想到這個身體從來就不是他的人格的眞正所在，不過是象徵性地表示一種「實際的指涉」，對自己難道不是一種撫慰嗎？

作爲這些看法的補遺，那些對物理學興趣濃厚的人，可能希望聽我對流行的量子物理學思想學派有關主體和客體的一系列傑出的思想做出評價。這一學派的主導人物是玻耳（Niels Bohr）、海森堡（Werner Heisenberg）、玻恩（Max Born）等人。讓我先簡略地向你們介紹一下他們的思想，其內容如下①：

> 如果不與某個特定的自然物體（或物理系統）「接觸」，我們就不能對它做任何實際的說明，這種「接觸」是一種真正的物質交互作用。就算這種交互作用僅僅是我「瞧那個物體」，那個物體必然會碰到光線，並將光線反射到眼睛裡，或是某種觀察儀器裡。這意味著，這個物體受我們觀察的影響。當你把一個物體全然孤立起來時，你就不可能獲得有關它的任何知識。這個理論還認為，這種干擾既不是不相關的，也不是完全可以測量的。因此，經過若干次費力的觀察以後，這個物體就處於一種狀態，其中某些特徵（最後被觀察到的）是已知的；而另一些特徵（受最後一次觀察影響的）則是未知的，或是未能準確知道的。事物的這種狀態說明，為什麼不可能對任何自然物體做完全的、沒有缺陷的描述。

如果我們不得不承認——可能也不得不承認——上述的話，那就公然違背「自然是可以理解的」這個原則。這件事本身不是恥辱，我在本章一開頭就告訴大家，我所提的兩個原則，並不想對科學有束縛力，這兩個原則只表示，它們是很多很多世紀以來，我們在自然科學方面一直遵守

①請見我的《科學與人文主義》（*Science and Humanism*, Cambridge University Press, 1951）第四十九頁。

的原則，而且是不能輕易改變的原則。我本人無法確定我們現有的知識是否足以證明，改變這些原則是正確的。我認爲有可能，我們的模型能以這樣一種方式加以改變，結果會使得它在任何時候，都不會表現出原則上不能同時被觀察的屬性——在同時表現不同屬性方面較差但對環境變化的適應性卻較好的模型。

這是一個物理學內部的問題，此時此刻我不打算去解決。但是從前面說明的理論，從關於受觀察的物體受到測量方法不可避免、無法測定的影響看，有人已經導出了有認識論意涵的重大結論，涉及主客體之間的關係。有人認爲，物理學的最新發現，已經逼進到主體和客體之間的神祕邊界。我們被告知，這個邊界絕不是界線分明的邊界；我們也得知，當觀察某個物體時，這個物體絕不會不受我們觀察活動的改變影響；我們還得知，由於受到我們觀察使用的精密方法的影響和思考我們實驗結果的影響，主體和客體之間的神祕邊界已經被打破了。

爲了對這些爭論進行評述，我先接受確立已久的主體和客體之間有差別（distinction），或者說有區別（discrimination）的看法，因爲昔日許多思想家一直接受這種看法，現代的許多想思家亦然。接受這種看法的哲學家中——從阿布德拉的德謨克利特到「柯尼斯堡的老人」（即康德）——即便有的話，也只有寥寥無幾的哲學家不強調，我們全部的感覺、知覺和觀察都帶有強烈的個人主觀的色彩，沒有表示出康德所說的「物自體」（thing-in-itself）的性質。雖然這些思想家中某些人，在思想中可能有嚴重程度不同的曲解，但是康德卻使我們陷入完全無可奈何的境地：我們對於他的「物自體」從來一無所知。於是，在一切現象中，主觀性的觀念是非常古老而且是大家熟悉的。在現在情況下新的看法是：不僅是我們從環境中得到的印象，主要取決於我們感覺中樞的性質和不可預料的狀態，而且反過來，我們希望觀察到的環境被我們改變，尤其是被我們爲進行觀察所使用的裝置改變。

情況或許如此，而且在某種程度上，也肯定是如此。從新發現的量子物理學的定律看，這種改變也許無法降低到某些十分確定的極限以下。我仍然不想把這種情況稱作主體對客體的直接影響，因爲主體不外乎就是能感覺和思考的東西。感覺和思維不屬於「能量世界」（world of energy），正如我們從斯賓諾莎和謝靈頓爵士的著作中得知，感覺和思維不能在這個能量世界中產生任何變化。

以上一切都是以我們接受主體和客體之間有確立已久的差別觀點爲其前提的。雖然在日常生活中，我們不得不接受這種觀點「作爲實際的指涉」，但是我認爲，在哲學思想中，我們應該放棄這種觀點。康德已經用「物自體」這種超卓但空洞的概念揭示了這種觀點的嚴格的邏輯推論，但是，我們對這種概念永遠一無所知。

我的心靈和世界正是由同樣的成分構成，每一種心靈及其構想的世界情況都相同，儘管兩者之間的「相互指涉」多不勝數。世界只賦予我一種感覺，而不是現存的和被感知的兩種世界。主體和客體就是一體，我們不能說，由於物理學最新的發現，兩者之間的障礙已經被拆除，因爲這種障礙根本不存在。

第四章　算術詭論：心靈的太一

在我們的科學世界圖像中，任何地方都遇不到感覺的、知覺的、思維的自我，這個原因可以很容易用一句話說清楚：因爲自我本身就是那個世界圖像。它與宇宙渾然一體，所以無法將自我作爲其中的一部分。不過，我們在這兒會碰到算術詭論（arithmetical paradox）：這些有意識的自我（conscious ego）似乎有很多，但是世界卻只有一個，這是產生世界概念時所用的方式造成的。「個人」意識（'private' consciousness）包括好幾個領域，其中有一部分是重疊的，彼此重疊的共同部分，就是「我們周圍眞實世界」的結構。儘管如此，人們仍然有種不安的感覺，於是就引起以下的問題：我的世界和你的世界眞的一樣嗎？是否還有**一個**和我們每個人透過感知在內心形成的世界圖像有差別的眞實世界？如果確實如此，這些圖像是否如同眞實世界；或者說，世界本身是否和我們感知的世界有很大差別？

這些問題雖然很巧妙，但是依我看，很容易使問題混淆。這些問題沒有適當的答案，這些問題都是、或者會導致由同一個原因引起的自相矛盾，也就是我所謂的算術詭論。有意識的自我**有很多**，但是從其心靈經驗調合而成的世界卻**只有一個**，這個數字上的詭論的答案會解決所有與上述相關的問題，而且我敢說，答案還會揭示那些問題都不是眞正的問題。

有兩種方法可以解決這個數字詭論。從現有科學思想（建立在古希臘人的思想基礎上，因此完全是「西方式」）的觀點看，這兩種方法似乎極其愚蠢。一種解決的辦法是用萊布尼茲（Leibniz）可怕的單子論（doctrine of monads），對世界作乘法運算：每個單子本身是一個世界，相互之間沒有交往；單子都是「封閉式」的，它「不能與外界接觸」。然而它們卻都相互一致，這種情況叫做「前定和諧」（pre-established harmony），我想這種看法吸引不了多少人，不僅如此，他們還會認爲，這種看法只是緩和數字矛盾的一種辦法。

顯然，解決的方法只有一種，那就是多種心靈或意識的統一。它們的多樣性只是表面的，事實上只有一種心靈，也就是《奧義書》（*Upanishads*）的教義，但是它不僅是《奧義書》的教義。如果不是遭到現存的強烈偏見反對，與上帝合而爲一的神祕經驗完全需要持這種態度，這意味著這種教義在西方不如在東方容易被接受。除了《奧義書》以外，讓我引用十三世紀一位波斯伊斯蘭教的神祕主義者，阿齊茲．納薩菲（Aziz Nasafi）的話作爲例子。我是從邁耶爾（Fritz Meyer）①的一篇論文中引用這段話，並由其德文譯文翻成英文的。

① *Eranos Jahrbuch*, 1946.

任何生物一旦死亡，心靈就會回到心靈世界，肉體就會回到實體世界，然而，在這種情況下，只有肉體會發生變化。心靈世界是單一的心靈，它像一道光一樣位於實體世界之後，當任何生物誕生時，心靈之光穿過實體世界，就像穿過一扇窗戶那般。按照窗戶的種類和大小，光或多或少地照進人世間來，但是，光本身始終不變。

十年以前，阿爾道斯．赫胥黎（Aldous Huxley）出版了一本有價值的書，他稱之爲《永恆的哲學》（*The Perennial Philosophy*）①，這是一本各個歷史時期和各國大多數的神祕主義者著作的選集。隨手一翻，你會發現許多神祕主義者相同的遠見卓識；你會發現，雖然這些作者的民族不同、宗教信仰不同，生活的時間相差千百年，地域相隔千山萬水，彼此素不相識，但是他們的見解卻驚人地一致。

① Chatto & Windus, 1946.

我仍然必須指出，這種教義對西方人沒有多少吸引力，它不合西方人的口味，被戴上了異想天開、不合乎科學的帽子。情況之所以如此，原因在於我們的科學，也就是希臘的科學，是以客體化爲基礎的，因此它未能充分理解認知的主體，沒有完全理解心靈。但是我眞的認爲，這正是我們目前的思想方法需要修正的地方，或許需要從東方思想中輸一點血。這樣做並不容易，我們必須意識到我們的大錯，輸血往往需要小心，以防止血液凝固；同樣的，我們的科學思想在邏輯上已經達到史無前例的準確性，而且我們也不想失去這種準確性。

下面我還可以指出一點，來支持神祕主義關於一切心靈彼此之間、以及與最高級的心靈「同一性」的教義，而不同意萊布尼茲可怕的單子論。同一性教義可以聲稱，通過經驗事實得出明確的結論：人們從來不會體驗到多種意識，只能體驗到一種意識。不僅是我們任何人都從來沒有體驗過一種以上的意識，就算在世界上任何地方，也從來沒有發生過這情況的間接證據。如果我說，同一個頭腦中不可能有不止一種意識，這好像是無謂的「套套邏輯」（tautology）——我們很難想像會有相反的情況發生。

然而，在某些情況下，我們卻會期望，而且幾乎需要上述這種不可想像的事情能夠發生，如果它眞能發生的話。這正是我現在想詳細討論，並引用謝靈頓爵士的話得出一點明確的結論。謝靈頓爵士既是一位具有最高天賦的人，又是一位清醒的科學家。（非常罕見！）據我所知，他對《奧義書》的哲學並無偏袒。我討論這個問題的目的在於，它或許會有利於爲我們將來用自己科學的世界觀吸收同一性教義排除障礙，但是我們不必爲此付出喪失清醒的頭腦和邏輯準確性這種代價。

剛才我說過，我們甚至無法想像，在一個頭腦中會有多種意識。我們可以宣稱這些話是對的，但是這些話不是對任何可以想像到的經驗做描述。甚至在「分裂人格」（split personality）的病理案例中，這兩個「人」也只是輪流交替，絕不會同時在同一場合下活動，而且，他們對彼此的情況一無所知，這正是典型的特徵。

我們做的夢像自導自演的木偶戲，我們手中牽著許多木偶演員的線繩，控制他們的行動和語言，但是我們並不知道這種情況。木偶中只有一個是我自己，這個做夢的人，我直接以他的身分行動、說話，同時我可能正急切地等待另一個人答話，無論他是否會立即滿足我的要求。我讓它們隨我的意思做事或說話，可是自己卻不知道——事實上也不能說完全不知道，因爲在這種夢境中，我敢說「另一個人」大多是現實生活中反對我的某種嚴重障礙的化身，是我實際上無法控制的人的化身。這裡敘述的怪事，顯然是古時候大多數人堅信不移，他們眞的能和夢中遇到的人——無論是活人或已故的人，也很可能神或英雄——溝通的原因，這是一種很頑固的迷信。公元前六世紀初，以弗所（Ephesus）的赫拉克利圖斯（Heraclitus），在他遺留下來，有時十分費解的片斷著作中，以少見的明晰性肯定地宣稱他反對這種迷信；但是盧克萊修（Lucretius Carus）雖然認爲自己是開明思想的創導人，在公元前一世紀卻仍然堅持這種迷信。在我們這個時代裡，這種迷信大概已很罕見，但是我懷疑它是否已經完全絕跡。

下面讓我改談一些不大相同的內容。

我覺得完全無法想像，比方說，形成我軀體的細胞（或某些細胞）其意識的集合，如何會產生我自己有意識的心靈（conscious mind）（也就是我能感到的**一個完整的**意識），或者可以說，在生命中的每個時刻，我的意識怎麼會成爲這些細胞的結果。人們會想，如果眞能辦得到的話，我們每個人這種「細胞聯邦」（Commonwealth of cells）將會是心靈展現出多樣性的絕妙場合，但是，現在「細胞聯邦」或者「細胞國家」（Zellstaat）已不再只被人們當作比喻。請聽聽謝靈頓的看法：

> 宣稱構成我們身體的組成細胞中，每個細胞都是一個自成中心的生命個體，不只是空洞的詞句，也不僅是為了便於敘述。組成軀體的細胞，不僅是可以清楚區別的單元，同時也是自成中心的生命單元。它自己生活……。細胞是一個生命單元，而我們的生命也是單一的生命整體，完全由這些細胞生命組成。①

①《人的本性》第一版（1940）第七三頁。

這一點還可以作更詳細、更具體的描述。大腦的病理和對知覺的生理研究明確地證實，感覺中樞分爲幾個區域，這些區域的獨立性令人感到驚訝，因爲這種獨立性會使我們期望發現，這些區域是和獨立的心靈領域相聯的，其實不然。下面舉一個特別典型的例子：如果你先以一般的方式，用雙眼觀看遠處的景物，然後閉上左眼，只用右眼看，然後再只用左眼看，你會發現，結果並沒有顯著的區別。在這三種情況下，心靈的視覺空間（psychic visional space）都是完全相同的，其原因很可能是這樣：刺激從視網膜上相應的神經末梢，傳導到「產生感覺的」大腦中相同的中心，這種情況就好像是，我們家大門上的按鈕和我妻子臥室的按鈕，都能啓動位於廚房門上方的一只電鈴。這確實是最容易的解釋，不過，這種解釋是錯誤的。

謝靈頓爲我們講述了對閃爍頻率下限所作的有趣實驗，我將向大家對這實驗作儘可能簡略的敘述。假設在實驗室裡安裝一個微型燈塔，讓它每秒鐘閃爍多次，比如說四十次、六十次、八十次或一百次。隨著閃爍頻率增加，根據實驗的情況，達到一定的頻率時，便不再是間斷的閃爍。我們假定，旁觀者以普通方式，使用兩隻眼睛觀看時，便會看到這種「閃光」已經成爲連續不斷的光①。我們假設，在給定的情況下，這種頻率下限是每秒鐘六十次。

①電影院中的連續鏡頭就是這樣放映的。

現在再講第二個實驗。假設的情況並未變化，用一個適當的精巧裝置，使閃光每隔一次傳到右眼，另外每一次則傳到左眼，結果每隻眼睛在每秒鐘內只接受三十次閃光。如果這種刺激是傳導給同一個生理中心，就應該沒有區別。如果我每隔一秒鐘按一次我家大門的按鈕，而我的妻子也每隔一秒鐘按一次她臥室的按鈕，雖然我倆是輪流按，但是廚房的電鈴卻是每秒鐘都在響，就好像我們當中的一人每秒鐘都在按按鈕，或者我倆同時每秒種都在按按鈕。然而，在第二個閃爍實驗中，情況並非如此。傳給右眼的三十次閃光，加上交替傳給左眼的三十次閃光，遠不足以消除閃爍的感覺。如果兩隻眼睛都睁著，要消除閃爍的感覺，就需要使閃爍的次數增加一倍，即六十次傳向右眼，六十次傳向左眼。讓我用謝靈頓自己的話告訴你們主要的結論：

將這兩種傳導結合起來的並不是大腦腔構造的內部聯結。……右眼和左眼看到的影像倒更像是分別由兩個人看到，而兩個人的心靈結合成為單一的心靈。好像右眼和左眼的知覺是分別經過精心的設計而成的，然後在心理上合二為一。……就好像每隻眼睛本身都有專門的感覺中樞，這兩個感覺中樞都是獨立的。其中，以每個感覺中樞為基礎的心理過程（mental processes）形成完整的知覺，這在生理上好像大腦有個獨立的單位負責視覺。於是，就有兩個這樣的子腦，一個管右眼，一個管左眼。似乎是由於動作同時發生，而不是結構上相互聯繫，才使兩者在心理上協調。①

①見《人的本性》第二七三—五頁。

此後接著是相當一般性的考察，我只是再選幾段最典型的段落：

那麼，是否存在以幾種感覺模式（modalities of sense）為基礎的、準獨立的子腦呢？在大腦皮層中，仍然很容易找到「五種」熟悉的感覺系統，每種感覺系統都被劃定在各自分開的範圍內，而不是無可迴避地合併在一起，然後由一個更高級的機制來處理。心靈到底是不是一群相當獨立的知覺單位的組合？它們大致上是以經驗中的時間序列來整合的。……雖然這是個「心靈」問題，但是神經系統並不是由一個中央控制中樞來整合所有資訊的；而是會百萬倍地竭力發揚民主，使得每個細胞都是它的一個單元。……由各個次級生命單位（sublives）形成的具體生命，雖然整合為一體，表現的卻是疊加的性質，並且表明自己是許多微小的生命單位共同協作所創造的。……但任何時候我們想要找那控制的心靈，都找不到，一個單獨的神經元絕不是微型大腦。身體的細胞結構無需表示一丁點兒的「心靈」。……一個單獨的主宰神經元不可能比大腦皮層讓心理反應獲得更為統一的性質以及非加成性的特徵。物質和能量在結構上似乎是由顆粒構成的，「生命」亦然，但心靈卻不是。

以上是我引用的給我印象最深刻的段落，從中可以看出，謝靈頓以他對生物體實際情況的卓越知識，正努力解決這種詭論。他很坦率，以智者的絕對眞誠，並不想躲避它，或爲之辯解（其他許多人都會這麼做，而且已經這麼做了）。可是，他卻幾乎無情地揭露它，他很清楚，這是推動科學或哲學上的任何問題，使之接近解決的唯一辦法；但是如果用「漂亮」的言詞掩飾它，就會阻礙進步，使此一矛盾將長期得不到解決（不是永久得不到解決，但是要等到有人識破這種騙局）。

謝靈頓的詭論，也屬於算術詭論，是數字上的詭論。我認爲，它和我在本章開頭所說數字上的詭論有很大關係，但是兩者絕非是一回事。簡單地說，本章開頭所說數字上的詭論是由許多心靈構想出**一個**世界；而謝靈頓所說的是**只有一種**心靈，它顯然以許多細胞生命爲基礎，或者換句話說，以多種多樣的子腦爲基礎，其中每個子腦自身似乎都有相當高的地位，所以我們感到它必然和一個次級心靈單位（sub-mind）有聯繫。然而，我們知道，次級心靈單位是一種令人震驚的荒謬說法，正如同多重心靈的說法一樣荒謬——既沒有任何人體驗過，亦無法以任何方式加以想像。

我認爲，採用將東方的萬化冥合教義輸入西方科學結構的辦法，這兩種詭論都可以得到解決（此時此地，我不妄圖解決它們）。心靈本質上是一體多相（singulare tantum），我應該說：各種心靈的總和就是「一」。我敢稱它是不滅的，因爲它有一份獨特的時間表，那就是心靈永遠是**現在的**，對心靈來說，並沒有什麼以前和以後，只有一個包括記憶和期盼在內的現在。不過我承認，我們的語言不足以表達這個內容。我還承認，如果有人認爲，我是在談宗教，而不是科學，我談的也是一種不反科學的宗教，它得到無偏見的科學研究成果的支持。

謝靈頓說：「人類的心靈是我們地球的新近產物。」①

我自然同意這個說法，但是如果去掉「人類的」這幾個字，我就不能苟同。我們在第一章

①《人的本性》第二一八頁。

時，早就討論過這一點。沈思默察的有意識的心靈，只憑自身即可反應世界的生成變化——此一想法是荒謬的。須知世界是在不斷生成變化之中，而且在特定時空有不同的樣貌，並和一種巧妙的生物學新玩意兒有關，這個新玩意兒本身又是某些生物生存的必要裝備：在這種生物出現之前，有許多生物完全不需要這玩意兒（大腦）。只有很小一部分生命形式（如果以物種計算的話）已開始「有大腦」，在此之前，難道一切都是一場無人觀看的表演嗎？不僅如此，難道我們可以將一個沒有思考這些問題的世界稱之爲世界嗎？當考古學家在頭腦中再現一個歷史久遠的城市或文化時，他所感興趣的是當時當地所展示的過往的人類生活、行爲、感覺、思想、感情、人類的喜怒哀樂。但是，一個存在了數百萬年卻沒有任何意識知道它存在一直注視它的世界，難道還算是什麼東西嗎？它一直存在嗎？我們不要忘記，正如我們說過的那樣，認爲世界的發展進程可在有意識的心靈中反映出來，只是我們已經熟悉的一種陳腔濫調、一種說法、一個比喻。對我們來說，世界只出現一次，沒有什麼東西被反映出來，原物和映象是同一個東西。在時空中存在的世界只是我們心靈的再現（Vorstellung），除此以外，經驗沒有提供我們任何關於世界是什麼的一點兒線索——正如柏克萊（Berkeley）十分了解的那樣。

這個世界已經存在數百萬年，過去的歷史很偶然地創造了可以觀察自身的大腦，這與我要表達的有一個幾乎是悲劇的連續性。我想還是用謝靈頓的話對此加以敘述：

有人告訴我們說，能量世界（universe of energy）正在敗亡，它註定要走向最後的均衡，一種生命不能在其中存在的均衡。然而，生命正在不停地演化，我們的地球已經使生命在這環境中演化，並且仍然在繼續促成演化，而且隨著生命的演化，心靈也在演化。如果心靈不是一個能量系統，宇宙在衰敗時將怎樣影響心靈呢？心靈能不受損傷嗎？就我們所知，有限的心靈總是附屬於運動中的能量系統。當能量系統停止運動時，隨之運動的心靈會是怎樣的情況呢？曾經精心製作而且仍在精心製作有限心靈的宇宙，那時是否會讓心靈消亡呢？①

①《人的本性》第二三二頁。

這樣的看法在某種程度上使人感到窘迫。使我們迷惑不解的事情是，有意識的心靈扮演的是奇特的雙重角色：它一方面是舞台，是整個世界進程在發生的唯一舞台，或者說是包羅世界一切的容器，在它的外面，什麼東西都不存在；另一方面，我們得到以下的印象，或許是不可靠的印象，在這個紛亂的世界裡，有意識的心靈是和某種特定的器官（大腦）聯繫在一起。雖然這種器官無疑是動物和植物生理學上最有趣的巧妙玩意兒，但卻不是獨一無二的、特有的，因爲它像許多其他器官一樣，大腦畢竟只有維持其擁有者生命的作用，但是多虧這一點，大腦才能經由天擇在物種形成過程中被精心製作出來。

有時一位畫家或詩人，會將一個由本人擔任的謙遜的配角畫進自己的巨幅圖畫裡，或者寫進自己的長詩裡。我假定，寫《奧德賽》的詩人因此以盲吟遊詩人代表自己，在淮阿喀亞人（Phaeacian）的大廳裡吟唱特洛伊戰爭，使受到重創的英雄感動得流淚。同樣，在《尼布龍之歌》史詩中，當他們穿越奧地利國土時，我們也見到一位詩人，他很可能就是整個史詩的作者。在杜勒（Dürer）的《萬聖圖》中，兩圈信徒圍繞著高高在天上的基督、上帝、聖靈（三位一體）在祈禱，第一圈是天國裡的人，第二圈是人世間的人。第二圈中有國王和教皇，但是如果我沒弄錯的話，還有藝術家本人，一個不引人注目的、謙卑的側身像。

在我看來，這似乎是對心靈著那令人難以理解的雙重角色的最佳比喻。心靈一方面是創造整個作品的藝術家，然而，在完成的作品中，藝術家又只是作品中一個無足輕重的附屬品，可以刪掉而不會降低整個藝術品的效果。

不用比喻來論述時，我們就不得不宣稱，在這兒會遇到由以下事實所引起的，那些典型的矛盾中的一種，這個事實就是，如果世界概念的創造者，也就是我們自己的心靈，不從世界概念中退出來，我們就不能很好地理解世界；但是退出以後，心靈在世界圖像中就沒有位置，但若企圖把心靈硬塞進世界圖像中，又確實會產生某些荒謬的結果。

前面我曾評述過，由於同樣的原因，物質世界的圖像缺乏形成認知主體的一切感覺性質（sensual qualities），它的模式是無色、無聲而且是不可觸摸的。依照相同方式及由於相同的原因，科學世界同樣缺乏，或者說被剝奪了一切與有意識的思考、知覺和感覺的主體有關時才有意義的東西。我指的首先是倫理學和美學的價值，任何種類的倫理學和美學的任何價值，與整個世界表現出的含義和範圍有關的任何東西。所有這一切不僅是沒有的，而且從純科學的觀點看，也不能作爲整體的一部分塞進科學世界。如有人將這一切強加進去，就好比孩子在沒有顏色的圖畫範本上著色那般，是不合適的。因爲被強制進入這個世界模型的任何東西，願意也好，不願意也好，都具有對事實作出科學斷言的形式；那樣，一切就錯了。

生命本身是寶貴的，「尊敬生命」是史懷哲（Albert Schweitzer）的基本道德戒律。自然界對生命並不尊敬，自然界對待生命就好像它是世界上最無價值的東西。生命被成百萬倍地產生出來，但是絕大部分生命都迅速地被消滅，或者成爲其他生命吞食的獵物。這正是產生不斷更新的生命形式的主要方法，「你不應折磨別人，不應使別人痛苦！」自然界無視這一戒律。自然界的生物在永遠不斷地競爭中，而競爭的基礎就是相互折磨。

「不存在善的或是惡的東西，但是思維使事物分出善惡」，任何自然事件本身都不是善的或惡的，也不是美的或醜的。價值淪喪，特別是含義和目的都淪喪了。自然的行動沒有目的，如果我們用德語說，某個生物有意識地（zweckmassig）適應環境，我們也知道這只是便於敘述，如果我們竟然認爲原意就是這樣，那就錯了。我們在自己的世界圖像的框架內有錯，世界圖像裡只有偶然的聯繫。

我們對於有關整個世界表現的含義和範圍之類的問題所作的科學研究，絕對是無聲無息的，這是最令人痛苦之事。我們越注意觀察它，它就顯得越無目的和愚蠢，而正在進行的演出（show），顯然只有與正在對其進行思考的心靈有關時才有意義。但是對此種關係，科學所能告訴我們的內容，顯然是荒謬的：似乎心靈只是由它正在觀看的那場表演所產生的，而且當太陽最後冷卻，地球已經變成一片冰雪的荒漠時，心靈將會隨著這場表演消失。

讓我簡單提一下聲名狼藉的科學無神論（atheism of science），科學不得不一再爲此受到責難，但是這樣做並不公正。任何人格神（personal god）都不能構成世界模型的一部分，這種世界模型只有以從中排除一切有人格的東西爲代價，才能理解。我們知道，當我們體驗到神存在的時候，這種體驗就像直接的感官感覺或者像我們自己的性格一樣眞實。像感覺和性格一樣，神在時空圖像中是沒有的，在時間和空間的任何地方，都找不到神——這是誠正的自然主義者告訴大家的，他同時也因此受到責難，因爲他在其問答集（catechism）中寫道：神就是心靈（spirit）。

第五章　科學與宗教

科學能爲宗教問題提供任何資訊嗎？科學研究的成果是否有助於人們對這些不時困擾每個人、引發激烈爭論的問題，採取合理的、令人滿意的態度？有些人，尤其是健康而幸福的青年，往往能長期將宗教問題置諸腦後，不加過問；有些高齡的人則滿足於反正找不到答案，乾脆不再去尋找答案；而有些人則因我們智力在此方面的不一致性而終身感到困擾，而且也被自古以來流行的迷信帶來的嚴重恐懼所困擾。我指的主要是與「另一個世界」、「死後的生命」有關的問題，以及與此有關的一切問題。請注意，我當然不打算回答**這些**問題，只打算回答一個比較簡單的問題：科學是否能爲有關宗教的問題提供資訊，或者是否能幫助我們思考——我們許多人免不了要思考——宗教問題。

首先，用一種很原始的方法，這當然是能夠辦到的，而且不費多少力氣就已經辦到了。我記得我曾看過一些古時的印刷品，那些是包括地獄、煉獄和天堂在內的世界地圖：地獄在深深的地下，天堂在高高的天上。這些圖像不單純是作爲比喻（像在後來的階段，例如在杜勒的名畫《萬聖圖》中可能是作爲比喻的），它們只是表明當時一種十分普遍的原始信仰。今天，沒有任何教會要求信徒以這種唯物論來解釋教義，不僅如此，教會還會認眞地勸阻這種態度。此一進步當然得利於人類掌握了有關地球內部（不過對這部分的所知還很貧乏）、火山的性質、大氣的構成、太陽系大概的歷史、以及銀河系和宇宙的構成等知識。任何有文化的人都不會期望，在人類可以進行科學研究的空間中的任何領域裡，找到這些武斷虛構的東西，我敢說，即使在我們無法研究的由那部分空間外延的領域裡也找不到。有文化的人即使相信這些東西是眞的，也只會給它們精神上的地位。我並不是說，要靠上述科學發現對虔誠的宗教信徒進行這種啓蒙，但是這些科學發現有助於消除在這些事物上的唯物迷信。

然而，這所指的是心靈的原始狀態。不過有些東西更値得我們注意。科學在解決「我們究竟是什麼人？我們從何處而來，又要到何處去？」這些令人迷惑不解的問題方面最重要的貢獻——或者至少使我們安下心來——我是說，科學在這方面給予我們最明顯的幫助，依我看來，就是逐漸接受時間是先驗概念的想法。在考慮這個問題時，我們不能不提到三個人的名字，這三個人就是柏拉圖、康德和愛因斯坦，雖然還有其他許多人，包括非科學家，像希波（Hippo）的聖奧古斯丁（St. Augustine）和波伊提烏（Boethius）等人，都曾經達到同樣的結論。

後兩人不是科學家，但是他們對哲學問題專心致志的研究，他們關注世界的強烈興趣，都來源於科學。對柏拉圖來說，其來源是數學和幾何學（今天把兩者「並列」是不恰當的，不過我認爲，在他那個時代卻是合適的）。是什麼使柏拉圖畢生從事的事業享有如此無可比擬的盛名，以至於兩千多年以後，依然歷久不衰，熠熠生輝？就我們所知，他對數字或幾何圖形，並沒有任何獨特的發現；而他對物理世界和生命世界的認識，有時是異想天開的，而且整體來說，比他的前人（從泰勒斯〔Thales〕到德謨克利特等哲人）遜色，其中有的人還比他早一個世紀以上。在對自然界的認識方面，他的學生亞里斯多德和昔奧弗拉斯托斯（Theophrastus）已在許多方面超過他。除了對他狂熱崇拜的人以外，柏拉圖長篇大論的對話給人的印象是：對詞句進行無理的詭辯，但不想給任何詞下定義，他認爲，如果人們能長時間全面地研究這個詞，這個詞的含義就不言自明。當他想將自己關於社會和政治的烏托邦（Utopia）付諸實施時，遭到了失敗，並且給他帶來嚴重危險。這種烏托邦，今天除了極少數有他相同悲慘遭遇的人以外，確實難覓知音者。那麼，他爲何會享有盛名呢？

依我看，原因在於：他是設想永恆存在（timeless existence）這個概念並強調它的第一人。他以理性爲依據，強調永恆存在是一種眞實（reality），比我們的實際經驗還要眞實。他說，實際經驗不過是永恆存在的影子，一切經驗不過是源自永恆存在。我所說的就是形式（或觀念）的理論（Theory of forms）。這個永恆存在的觀念是怎樣產生的？毫無疑問，那是因爲柏拉圖逐漸熟悉了巴門尼德斯（Parmenides）和愛利亞學派（Eleatics）的學說而產生的。但是同樣很明顯的是，這種學說和柏拉圖可眞是不謀而合，非常符合柏拉圖自己卓越的比喻：透過推理得到的認知，具有可以記住從前已有，但在當時是潛藏的知識的性質，而不會是發現全新的眞理的性質。然而，巴門尼德斯的永恆的、普遍存在的、不變的「一」，在柏拉圖的心中變成更強而有力的概念：即觀念界（Realm of ideas），要了解觀念界必須訴諸想像力，但它仍然是個謎，這是必然的。不過，正如我認爲的，這種思想是由一種非常眞實的經驗產生的，也就是像他之後的許多人和之前的畢達哥拉斯學派（Pythagoreans）一樣，他讚美和敬畏數和幾何圖形領域的關係，所以才產生這種思想。他承認這些透過純邏輯推理自我展現出來的新發現的性質，並且將它融合到自己的思想中，於是，我們才能認識事物的眞正關係。它的眞實性不僅是不容否認的，而且顯然是永遠存在的；這些關係過去和將來都會存在，不管我們是否對它們進行探究。數學的眞理是沒有時間性的，它並不是在我們發現它時才存在，但是，這種數學發現，是一個十分眞實的事件，它就像是仙女送的禮物，可能是一種感情。

如圖一，三角形（ABC）三邊的高在O點相交（高是從三角形一個角到它的對邊、或對邊延長線上的垂線），乍看之下，人們看不出，爲什麼這三條線應該相交，一般來說，**任意**三條線通常不相交，而是形成一個三角形。現在通過每個角，畫一條與對邊平行的線，結果就形成一個大三角形A'B'C'（見圖二），它由四個相等的三角形組成。三角形ABC的三個高，是大三角形三邊的中垂線，即「對稱線」。那麼，在過C點的一條中垂線上，任意一點到A'和B'的距離一定是相等的；同樣，過B點的中垂線上任意一點，到A'和C'也一定是等距的。因此，兩條中垂線的交點，到A'、B'和C'三頂點的距離是相等的，因而這一點也一定位於過A點的中垂線上，因爲這

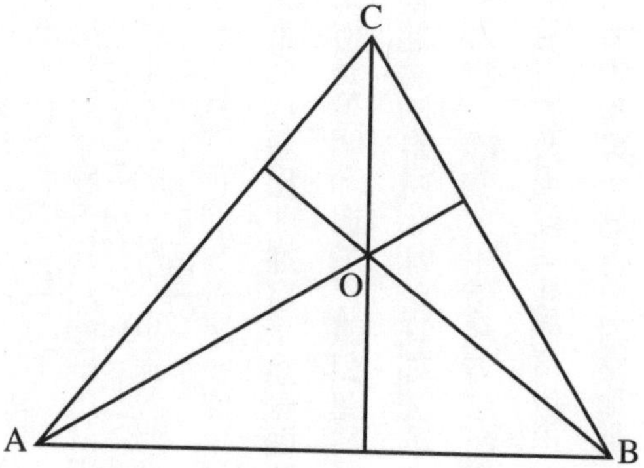

圖 一

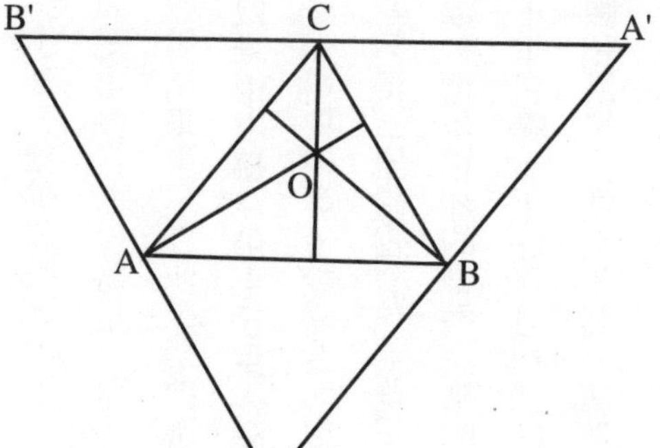

圖 二

條線上的所有點到B'和C'是等距的。得證。

除了1和2以外，每個整數都位於兩個質數正中，也可以說是兩個質數的算術平均數，例如：

$$8=1/2\ (5+11)=1/2\ (3+13)$$

$$17=1/2(3+31)=1/2\ (5+29) = 1/2\ (11+23)$$

$$20=1/2\ (11+29)=1/2\ (3+37)$$

大家可以看出，通常不止一個答案。這個命題叫做哥德巴赫（Goldbach）命題，雖然這個命題還未得到證明，但是已被公認爲是正確的。

把連續的奇數相加，比如先取1，接著1+3=4，隨後1+3+5=9，再是1+3+5+7=16，得到的總和是平方數。的確，用這種方法所得到的和全是平方數，總是相加的奇數個數的平方數。爲了掌握這種關係的普遍性，我們可以用它們的算術平均數——它顯然正好等於相加數的個數，來取代總數中與中項等距的每一對被加數（也就是，第一個數和最後一個數，第二個數和倒數第二個數等等），那麼，上面最後一個例子中成爲

$$4+4+4+4=4\times 4$$

現在我們來談康德。大家都知道，他主張空間和時間的概念是一切經驗的基礎，這個觀點如果不是他學說的最基本部分，也是其中一個基本部分。如同康德大部分的觀點一樣，這個觀點既無法被證明，也無法被否證，但並不因此而減低對此陳述的興趣（反而是增加了，如果能證明它是對的或是錯的，那它就不足道了）。這個觀點的含義是：在空間延伸和在定義明確的「先和後」的時間次序中發生，並不是我們感知到的世界本身的一個特性，而是與人的知覺的心靈（perceiving mind）有關，然而在目前的情況下，空間和時間構成一切經驗的座標，把提供給它的內容登記下來。這並不意味著心靈與經驗無關，並且先於經驗，只有時空座標。心靈中必然出現時空座標，應用在所有經驗上。這個事實並不能證明，也不像某些人認為的那樣，表示空間和時間是使我們產生經驗的「物自體」的內建性質。

提出理由證明這是胡說八道並不難。沒有人可以區別什麼是他的知覺，什麼是引起知覺的事物本身，因為無論他對整個情況可能已經掌握了多麼完整的知識，這件事只發生一次，而不是兩次。重複主要是透過和其他人，甚至是和動物交往使人聯想到的一種比方，它表明，在相同情況下，其他人和動物的知覺，除了在觀察點——就字面來說就是「投射點」——有微不足道的差別外，似乎和他自己的知覺是極其類似的。但是，就算這讓我們不得不認為，一個客觀存在的世界是我們知覺的原因，而且大多數人也都持這種看法，但是，我們究竟該如何斷定，所有經驗都具有的共同特徵，是由我們的心靈構成的，而不是所有客觀存在事物共有的性質呢？大家都公認，我們的感官知覺（sense perception）構成我們對事物獨有的認知。這個客觀世界仍然是個假設，無論它多麼的自然都一樣。可是，如果我們的確接受這個客觀世界，那麼到目前爲止，將我們的感官知覺從其中感到的一切特徵都歸因於外部世界，而非我們自身，難道不是最自然的事嗎？

然而，康德學說最重要的地方，不在於分配心靈及其對象——世界——在「心靈形成對世界的概念」這個過程中各自的角色，因爲，正如我剛才指出的，幾乎不可能對兩者加以區別。康德學說偉大之處在於形成了以下的觀點：此**一物**——心靈或世界——很可能以我們無法掌握，而且不含空間和時間概念的其他形式表現出來。這意味著我們已從根深蒂固的偏見中，光明正大地解放出來了。除了空間和時間之外，表象很可能還有其他秩序，我想這一點是叔本華最先從康德著作中看出來的。這無異是一種解放，爲宗教信仰開了門，而不至於與科學經驗和思想牴觸。舉一個最重要的例子：正如我們所知的經驗已明白無誤地使我們相信，軀體毀滅之後，經驗也就不存在了，因爲我們知道，經驗和軀體的生命是密不可分的。於是，沒有生命以後，是不是什麼都沒有了呢？不是的，正如我們所知，就必須在空間和時間裡發生的經驗而言，它已經沒有了，但是在一種與時間無關的表象次序中，這種「以後」的概念是毫無意義的。當然，純思維（pure thinking）無法向我們保證**確實有**那種東西，但是它可以消除明顯的障礙，進而認爲可能有這種東西。這就是康德透過分析所取得的成就，依我看，這就是他的哲學的重要性。

現在我接著上文來談愛因斯坦。

康德對科學抱著令人難以置信的天真態度，你若翻閱他的《科學的形上學基礎》（*Metaphysical Foundations of Science*）一書，就會同意這種看法。他以當時（一七二四至一八〇四年）物理學已達到的形式，認爲物理學多少算是一種發展到頂的學科，並忙著從哲學上對物理學的陳述加以說明。在一位偉大的天才身上發生的這種情況，實在值得後來的哲學家引以爲鑑。他本該清楚地說明，空間必然是無限的，並且應該堅信，正是人類心靈的特性，才賦予空間那些經由歐幾里德歸納的幾何性質。在這種歐幾里德空間裡，有可塑性的物質在變動，換言之在時間過程中不斷改變它的組態。康德的看法，正如他那個時代的所有物理學家一樣，空間和時間是兩種截然不同的概念，所以他毫不猶疑地把空間稱作我們外在直覺的形式（the form of our external intuition），把時間稱作我們內在直覺的形式（the form of our internal intuition, *Anschauung*）。歐幾里德的無限空間不是觀察我們的經驗世界的必要方式，而且最好將空間和時間看作四維的連續統一體（one continuum of four dimensions），這種認知似乎粉碎了康德觀點的基礎，但是實際上，它無損於康德哲學中更有價值的部分。

這種認知是由愛因斯坦（和其他幾個人：例如勞倫茲 [H. A. Lorentz]、龐加萊 [Poincaré]、閔可夫斯基 [Minkowski]）提出的。他們的發現對於哲學家、平民和客廳中的貴婦人產生了巨大的影響，因爲他們彰顯了下述事實：甚至在我們的經驗範圍內，時空關係比康德想像的更複雜，在這方面康德和所有以前的哲學家、平民和客廳中的貴婦人的認知是一樣的。

新的觀點對以前的時間概念產生了最強烈的影響。時間是關於「以前和以後」的概念。這種新的看法是從以下兩個來源產生的：

（一）「前和後」的概念存在於「原因和結果」的關係之中。我們知道，或者我們至少已形成了這樣的概念：如果事件A引起，或者至少改變了事件B，那麼，如果A不存在，B也就不存在，或至少不會以這種被改變的形式存在。例如，當一顆炸彈爆炸時，它炸死了正坐在上面的人；此外，遠處的人們還可以聽到砲彈的爆炸聲。炸死人和砲彈爆炸可能是同時發生的，但是遠處的人們是在爆炸以後聽到聲音的，這些結果當然不會比爆炸發生得早。這是一個基本概念，的確，日常生活中，哪個事件後發生，或者說至少不先發生的問題，也正是由這個概念決定的。差別完全基於下述概念：**結果不會在原因之前發生**。如果我們有理由相信，B是由A引起的，或者B至少能表現出A發生的證據，或者只是（從某種旁證）可以想像B能表現出A發生的證據，就可以認爲B當然不會比A早。

（二）記住這一點。第二個來源是，實驗和觀察證明，結果並不會以任意的高速擴展，它有一個上限，恰巧是眞空中的光速。對人來說，光的速度非常大，每秒鐘可繞赤道七圈半。光速雖然非常快，但不是無限的，我們稱它爲c。讓我們先承認這是自然界的基本事實，接著是，上述（基於因果關係上的）「前與後」或「早與晚」之間的區別，並不是普遍適用，在某些情況下，它將失效。關於這一點，用非數學語言不容易解釋，倒不是涉及的數學很複雜，而是日常語言中就

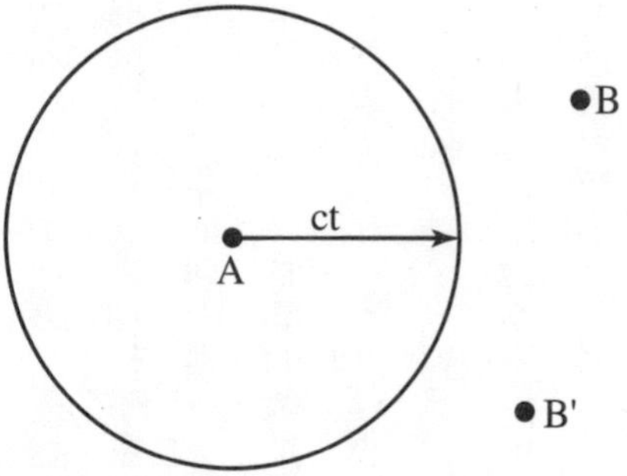

圖三

必然蘊涵時間架構，例如使用動詞的時候，必然是現在、過去或未來中的一個時態，所以會造成先入的觀念。

由此產生了最簡單但並不是完全恰當的想法，我們即將看到這點。給定一個事件爲A，考慮爾後的一個事件B位於以A爲球心，ct爲半徑的球面之外（見圖三）。這個B就不會受到A的任何「影響」；當然，A也不會受到B的任何影響，因此，原來的判準便無效了。透過我們使用的語言，我們當然稱B爲後者，但是，既然無論那一種情況，原判準都不適用，那麼我們這樣做是否正確呢？

假設在上述球面之外，在較早的時刻（用t表示），有一個事件B'。在此情況下，正如前面一樣，B'也無法影響A（當然，A也無法影響B'）。

在這兩種情況下，就存在著互不干涉的相同關係，也就是說，就它們與A的因果關係而言，B類和B'類之間並不存在概念上的差異。因此，如果我們想使這種關係，而不是一種語言造成的偏見，作爲「先與後」的基礎，那麼

B和B'就構成一類既不比A早，也不比A遲的事件。由這類事件佔據的空間─時間區域，稱作（與A事件有關的）「潛在同時性」（potential simultaneity）領域。我們這樣表述，是因爲我們始終能夠採用使A事件與所選擇的一個特定的B事件或B'事件同時發生的「空間─時間座標系」。這也就是愛因斯坦在一九〇五年的發現，它被稱爲狹義相對論。

對我們物理學家來說，現在這些東西已成爲非常具體的事實，我們在日常工作中利用它們就像利用九九乘法表，或是在直角三角形中運用畢氏定理一樣。有時，我會感到奇怪，爲什麼這種理論能在普通人和哲學家中都引起如此巨大的震動。我認爲原因在於：這個發現意味著，時間這個從外界強加到人類身上的嚴厲暴君，被趕下了臺，人類從「先與後」這種不可打破的法則禁錮中解放出來。時間的確是我們人類最嚴厲的主人，它顯然把我們每個人的生存都嚴格地限制在狹小的範圍內──七十年或八十年，就如《摩西五書》（*Pentateuch*）所說的。嚴厲主人的計畫表不容許任何更動，直到最近，儘管只是小幅度的增加壽命，也讓人感到非常欣慰：我們因此覺得我們的壽命不是完全不能更動的。這種想法其實是一種宗教思想，不僅如此，我應該稱它就是**唯一的**宗教思想。

正如你們有時聽說的，愛因斯坦並不認爲康德關於時空是先驗概念的深奧思想是虛假的；相反地，他在原有基礎上又向前推展了一大步。

我已經談到柏拉圖、康德和愛因斯坦對哲學和宗教的影響，而在康德和愛因斯坦之間，也就是大約在愛因斯坦之前的一代人，也曾看到物理學方面發生了重要的事件；這一事件本來似乎可能在哲學家、平民和貴婦人中引起轟動，就算不能比相對論引起更大的轟動，至少也不亞於它，但是這個事件卻完全沒有引起轟動。我認爲，其原因是，這種思想的變化更難理解，所以只能被以上三類人中的極少數人掌握，充其量只被一、兩個哲學家掌握。這件事與美國人吉布斯（Willard Gibbs）和奧地利人波茲曼（Ludwig Boltzman）的名字有關。現在我要談一下有關的內容。

除極少數例外（它們的確是例外），自然界的事件過程是不可逆轉的。如果我們想像一個與我們實際觀察到的現象正好時序相反的現象，就像在電影中按倒序放映的現象，這種倒序現象雖然很容易想像出來，但是它與物理學既定的法則幾乎總有很大的牴觸。

一切事件的「方向性」（directedness），過去是由熱的力學或統計理論來解釋的，而且此一解釋受到充分的歡呼認可，被稱之爲這門學說最值得稱讚的成就。我不能在這兒詳述這個物理學理論，而且就算要掌握此一解釋的要點，也不必詳細論述。如果人們認爲不可逆性是原子和分子微觀機制的基本特性，那麼情況將變得很糟糕，這比中世紀許多純字面的解釋——像是「因爲火具有熱的性質，所以是熱的」——高明不了多少。並非如此。按照波茲曼的看法，我們面臨著任何有序狀態由有序變爲比較無序狀態的自然趨勢，而不是反過來（由無序變爲有序）。用一副撲克牌作比方，先整理紅心7、8、9、10、J、Q、K和A，然後整理方塊7、8、9……等等。

如果你將這副很有次序的牌洗一次、二次至三次，就會逐漸變成一副無規則的牌，但這並不是洗牌過程固有的特性。假定這是一副已經成了無序的亂牌，我們絕對能想像有一種洗牌的過程，可以取消掉第一次洗牌的結果，將牌還原成原來的次序。但是每個人都期望將牌洗成無序的過程會發生，沒有人會期望可將無序的牌洗成有序——事實上，他可能將等上很長的時間才看到它碰巧發生。

以上就是波茲曼關於自然界發生的一切事情（當然包括了有機體從生到死的生命史）具有單向性之解釋的要旨。它的優點就是「時間之矢」（愛丁頓如此稱呼它）不是被塞進交互作用的機制，在我們的比喻裡，這是以洗牌的機械動作表現出來的。到目前爲止，這個動作、或這個過程還沒有任何過去和未來的概念，它本身是完全可逆的。這枝「時間之矢」——過去和未來的概念——是從統計學方面的原因產生的。在我們舉的撲克牌的比喻中，主要之點是，排列井然有序的牌只有一種，或者說很少幾種，而無序的牌卻有億萬種。

然而，這個理論卻一再遭到反對，偶爾還會遭到很聰明的人反對。反對的意見歸結起來是：這種理論被說成是邏輯基礎不健全。因爲據說，如果基本機制不分別時間的方向，而是在時間方面完全對稱，兩者的共同運作怎麼竟然會產生出強烈地傾向一個方向的、完整而統一的行爲呢？對這個方向適用的任何東西，必然同樣也適用於相反的方向。

如果上述看法是正確的，它似乎是致命的。因爲這種看法針對的正是波茲曼理論的主要優點：從可逆的基本過程產生不可逆的事件。

上述看法完全正確，但是它不會置波茲曼的理論於死地，這種看法在聲稱以下論點時是正確的：對一個時間方向適用的東西，對相反的時間方向也適用，這個時間從一開始，便是完全對稱的變量，但是你不要急著得出結論，認爲它對兩個方向都普遍適用。如果用最謹慎的措詞，我們得說，在任何特定情況下，它只對這一個或另一個方向適用。我們必須再補充一點：以我們所知的這個世界而言，「衰敗」（用一個偶而被使用的詞）是在一個方向發生，因此我們稱這個方向就是從過去到未來的方向。換句話說，必須允許熱統計理論獨自專斷地用自己的定義，決定時間往哪個方向流動（這對於物理學家的方法論有重大影響。物理學家絕不能導入任何能獨立決定時間箭頭的變項，否則，波茲曼的漂亮建築就會倒塌）。

有人可能會擔心，在不同的物理系統中，時間的統計性定義可能不會總是產生相同的時間方向。波茲曼大膽地面對這種可能發生的情況；他認爲宇宙如果延伸到足夠的範圍，而且／或者存在足夠長的時間，在宇宙中一些遙遠的地方，時間就可能會倒流。這個問題曾經引起了爭論，不過現在幾乎不值得再爭論了。波茲曼不知道，在我們看來，至少很可能是就我們所知，宇宙不夠大，也不夠古老，所以不能產生這樣大規模的逆轉。請允許我補充一點，但不作詳細說明，人類在很小的空間和很短的時間範圍內，已對這種逆轉進行過觀察（布朗運動，斯莫洛科夫斯基［Smoluchowski］的理論）。

依我的見解，「時間的統計性理論」對時間哲學的影響，甚至比相對論的影響更大。相對論無論多麼具有革命性，根本不討論時間的流向這個問題，而是預先假設這一點，但是時間的統計性理論是從事件的次序來建構時間的方向性，這意味著從舊時間觀念的暴君專制中解放出來。我們自己在頭腦中構想的東西，依我看，對我們的心靈不可能有專斷的權力，既沒有使心靈產生的力量，也沒有使心靈消滅的力量，我確信，你們有些人會稱此爲神祕主義。我同意，物理學的理論始終是相對的，意即它依賴某些基本假設，因此我們便可以斷言，或者說我相信，目前的物理學理論已有力地表明，「**時間**」不能摧毀「**心靈**」。

第六章　感覺性質之謎

在最後這章裡，我想稍微詳細地論證一個非常奇特的事態——在阿布德拉的德謨克利特著名的殘篇中已經注意及此：一方面，我們有關周圍世界的全部知識，無論是透過日常生活獲得的，還是透過精心計畫和在實驗室內艱苦試驗所揭示的，完全是以直接感官知覺（immediate sense perception）爲依據的；另一方面，這種知識卻未能揭示感官知覺和外部世界的關係，結果是，我們在科學發現的指導下對外在世界形成的圖像或模型之中，並沒有感覺性質。我認爲，雖然這種看法的前一部分容易爲大家所接受，但是後一部分或許常不能被人們理解，只因爲不是科學家的人一般非常尊敬科學，而且認爲我們科學家用「驚人的精確方法」，能夠了解人們不可能了解，將來也絕不可能了解的事物本質。

如果你問一位物理學家，他認爲黃光是什麼，他會告訴你說，它是波長在五百九十毫微米①附近的電磁橫波。可是你若問他：「黃」從何而來？他會說：在我的概念中根本沒有這回事，黃光不過是那些振盪的電磁波，當它們碰到某人健全的眼睛內的視網膜時，這類振盪便使該人產生黃色的感覺。如果追問下去，他可能會說，不同的波長產生不同的顏色感覺，但是並不是所有的波長都是這樣，只有約介於八百到四百毫微米之間的波長才會如此。對物理學家來說，紅外線（波長八百毫微米以上）和紫外線（波長四百毫微米以下）的物質本質與眼睛能感覺到的八百至四百毫微米之間的可見光是相同的。這個範圍是如何選定的呢？顯然這和太陽的輻射一致，在此波長範圍內，太陽的輻射是最強的；在此波長範圍外，太陽的輻射便減弱。此外，人最亮的色感——黃色——所在之處（在上述範圍內）正是太陽輻射的極大值所在。

①毫微米（millmicron），今用奈米（納米，nano-meter），1奈米=10^{-9}米。——審訂注

我們可能還會問：波長在五百九十毫微米附近的輻射，是不是唯一產生黃色感覺之物？答案是：絕非如此。如果產生紅色感覺的七百六十毫微米的電磁波和產生綠色感覺的五百三十五毫微米的電磁波，以固定比例混合在一起，這種混合波也會產生一種黃色，它和五百九十毫微米電磁波產生的黃色無法區別。兩個相鄰區域，一個被混合而成的黃光照射，另一個則被單一波長的黃光照射，兩者看上去完全相像，你分辨不出彼此。從波長能夠預見到這種現象嗎——這和電磁波客觀的物理特性是否有數值的關係？沒有。當然，所有這類混合波的圖表已經經由實驗繪製出來，它叫做原色三角形。但是它不只是和波長有關係，兩種光譜的光混合，和這兩種光其中的一種光相配，並沒有普遍的規則。例如，光譜兩端的「紅色」和「藍色」混合產生「紫色」，這是任何單一光譜的光無法產生的。此外，上述圖表、即原色三角形，因人而略有不同，而且對某些

稱作異常的三色視者（**並非**色盲）來說，差別就相當大。

物理學家對光波的客觀圖像，不能說明人們對顏色的感覺。如果生理學家對視網膜的生理過程，以及它們在視神經和大腦中所激起的神經生理過程，擁有更豐富的知識，他能說明人們對顏色的感覺嗎？我認爲也不能。每當你的心靈在視野的某個特定方向或範圍裡記錄下黃色感覺時，我們能得到的客觀知識，充其量是什麼神經纖維受到刺激以及所受刺激的程度，或許甚至能準確地知道它們在某些大腦細胞中產生的反應。但是，即使是這樣詳盡的知識，也不能向我們說明顏色的感覺，尤其是在該方向對黃色的感覺，我們可以設想同樣的生理過程可以造成不同的感受，例如甜味。簡言之，我的意思是說，我們可以確信，任何對神經過程的客觀描述都沒有包含「黃色」和甜味的特徵，就如同對電磁波的客觀描述也不包含這兩種特徵一樣。

這同樣適用於其他感覺。把我們剛才考查過對顏色的感覺和對聲音的感覺進行比較是很有意思的，聲音通常是透過在空氣中傳播的壓縮和膨脹彈性波傳播給我們，聲音的波長——或者更確切地說，聲音的頻率——決定被聽到的聲音的音調（注意：在生理上有關係的是頻率，而不是波長，光的情況也是如此，不過光的頻率和波長實際上互成反比，因爲光速在眞空中和在空氣中沒有明顯的差別）。我不必告訴大家，「可聽聲」的頻率範圍和「可見光」的頻率範圍有很大差別，前者從每秒鐘大約十二或十六次到每秒鐘二萬或三萬次；而後者則高達數百兆的數量級。聲音的相對頻率範圍寬得多，它包括大約十個八度（可見光則不到一個「八度」）①；此外，每個人聽到的聲頻範圍不同，這尤其與年齡有關，隨著年齡的增長，上限通常大大降低。

①一般當音調聽起來高一個八度時，其頻率增加成兩倍。——審訂注

聲音最令人吃驚的事實是，幾個不同的頻率混合，從來無法產生一種如同由某中間頻率可能產生的居間音調的聲音。疊加在一起的各種音調大體上是分別地——然而是同時地——被感知的，對那些音樂造詣很高的人更是如此。許多不同音質和強度的較高音調（泛音）混合在一起產生所謂的音色，於是，我們透過它可以學會辨別小提琴、號角、教堂大鐘、鋼琴……的聲音，甚至只發出一個音就可以辨別。即使是噪音也有其音色，我們可以從中推斷發生的事情；甚至連我的狗也熟悉打開某個白鐵盒的聲音，有時牠會得到盒子裡的一塊餅乾。在所有這些情況下，構成某一音色的不同頻率之比率極其重要，如果頻率以相同的比率變化，例如在唱機放唱片時，放的速度太慢或太快，仍然可以辨別出放的是什麼唱片。但有些相關的特性取決於某些組分的絕對頻率，如果將一張錄有人聲的唱片放得太快，你就可以明顯感覺到其中母音的發音在變，如「car」中的「a」音就變成「care」一詞中的「ε」音①。一個含有連續頻率的聲音總是刺耳的，無論是一只汽笛或是一隻嚎叫的貓發出的聲音，或是兩者同時發出的聲音（這種情況很罕見）都是令人討厭的，或許集中許多汽笛同時鳴叫，或者一大群貓同時嚎叫是例外。這種情況和光感的感覺完全不同，我們一般能知覺到的所有顏色，都是由連續的混合物產生的，在一幅畫或自然界中的

各種層次連續的色彩，有時卻會顯得異常地美麗。

①英語中「car」讀音爲[kar]，「care」讀音爲[kɛr]。——譯注

我們對聲音知覺的主要特徵十分清楚，因爲我們對耳朵構造的知識比對視網膜的化學原理所知更豐富、更可靠。耳朵的主要器官是耳蝸，它像是某種海螺殼盤繞的骨管，又像是盤旋的小樓梯，隨著梯級不斷「升高」，樓梯變得越來越窄。在一層層梯級處（我們繼續用比方），有許多彈性的纖毛穿越盤旋的樓梯，形成了一層薄膜，薄膜的寬度（或稱各種纖毛的長度）從「底」部到「頂」部越來越窄。於是，這些長度不同的纖毛就像豎琴或鋼琴的弦，對不同頻率的振盪作出機械性的反應。薄膜的特定小區域——而不只是一根纖毛——對特定的頻率做出反應；纖毛較短的另一個區域對較高的頻率做出反應。一定頻率的機械振動，一定會使對應的一組纖毛產生可以傳導到大腦皮層中某個區域的、眾所周知的神經脈衝。我們一般都知道，在所有神經中，傳導的過程幾乎是完全相同的；只有刺激的強度有變化，因爲這種強度會影響脈衝的頻率。當然，別將這種脈衝頻率和我們舉例中的聲音頻率混淆，這兩者相互間沒有關係。

但是情況不像我們可能希望的那麼簡單。如果物理學家能爲某人製造耳朵，以便使擁有這雙耳朵的人，對音調和音色有令人難以置信的極好的鑑別力的話，物理學家早已會製造構造不同的耳朵了，不過，他或許只會做與目前相同的耳朵。如果我們能夠說出耳蝸上的每根「弦」，會對

進入耳中的某一精確頻率的振動產生感應的話，耳朵就會更簡單和更敏感。但事實並非如此，爲什麼並非如此呢？因爲這些「弦」的振動受到有力的阻滯，必然會擴大它們共振的範圍。我們的物理學家也許可以想辦法製造這些「弦」，使其振動儘可能少受阻滯，但是，這樣會產生以下可怕的結果：當傳入的聲波停止時，耳朵對聲音的感覺幾乎不會立即停止，它會持續一段時間，直到耳蝸中很少受阻的共鳴器平息爲止。這種結果就是：靠犧牲對後來的聲音及時進行辨別，來達到對先前音調的高度鑑別力。令我們不解的是，人耳的結構如何設法做到以最完美的方式使兩者相互諧調。

我在這裡已經講得很詳細，以便使大家感到無論是物理學家的描述，還是生理學家的描述，都未包含對聲音的感覺。任何這類描述必然用下面這樣的話來結尾：那些神經脈衝傳導到大腦的某一部分，這些脈衝在那兒被當作一連串的聲音被記錄下來。聲音在鼓膜產生振動，我們能追蹤空氣壓力的變化；我們能看到鼓膜的運動經過三塊聽小骨傳到另一塊薄膜，最後傳到由上述不同長度的纖毛組成的耳蝸內膜的各個部分。我們可能知道，這樣一根正在振動的纖毛，在與它相接觸的神經纖維中，如何建立電的和化學的傳導過程。我們也可能跟著此傳導至大腦皮層，而且我們甚至可能獲得在大腦皮層中發生的某些情況的客觀知識。但是我們在任何地方都找不到這種「記錄下來的聲音」，我們的科學圖像中完全沒有包含它，它只存在於擁有我們論述過的耳朵和大腦的那個人的心靈中。

我們可以用類似的方式，討論觸覺、對冷和熱的感覺、嗅覺和味覺；後兩種感覺有時稱作化學性感覺（嗅覺可用來檢驗氣體，味覺可用來檢驗液體），它們和視覺有以下的共通點：在無限多可能的刺激中，它們只對限定種類的刺激作出反應。例如味覺是對苦、甜、酸、鹹和這幾種味道混合而成的特異味道做出反應。我認爲嗅覺比味覺的種類多，尤其是某些動物的嗅覺比人敏銳得多。那些物理或化學刺激源的客觀特性可以改變感覺，對不同的動物似乎有很大差別。例如，蜜蜂對紫外線仍具有良好的「色視覺」（color vision），它們是眞正的三色視者（而非二色視者，在較早期的試驗中，人們沒有注意對蜜蜂進行紫外線試驗，曾經認爲它是二色視者）。特別有趣的是，正如慕尼黑的弗里施（Karl von Frisch, 1886-1982）①不久前發現的事實，蜜蜂對微量光的「偏振」（polarization）尤其敏感，這有助於它們以令人費解的複雜方式，參照太陽來確定方向。而人類甚至不能區分完全偏振光和普通的非偏振光。人們已發現，蝙蝠能感知遠超過人類聽覺上限的極高頻振動（「超聲波」，ultra-sound）；蝙蝠自己可以產生超聲波，用來作爲一種迴避障礙物的「雷達」。人對冷或熱的感覺，會表現出「物極必反」的奇怪特點：如果我們無意中碰到一件極冷的物體，剛碰到的一剎那，可能會認爲它很熱，燙到我們的手指。

①弗里施，因研究動物的行爲，與勞倫茲（Konrad Z. Lorenz）及廷伯根（Nikolass Timbergen）分享一九七三年諾貝爾生理學暨醫學獎。

大約二十或三十年前，美國的化學家發現了一種奇怪的化合物，我忘記了它的化學名稱，那是一種白色粉末，有些人嚐起來是無味的，另一些人嚐起來則有強烈的苦味，這件事引起人們濃厚的興趣，並且受到廣泛的研究。「品味師」（對這個化學物質）的特性是每個人固有的，而不受其他任何條件影響，此外，它是一種服從孟德爾法則的遺傳特質，與血型一樣。正如血型的情況一樣，你是否是「這種物質的品味師」，似乎並不意味著可能的任何優點或缺點。在異合子的兩個「對偶基因」中，有一個是顯性的，我認爲，它就是這種品味師的特點。在我看來，被偶然發現的這種物質，很不可能是絕無僅有的，搞不好「品味人人不同」還眞有那麼回事呢！

現在我們來談光的情況，並稍微深入地研究光產生的方法和科學家理解其客觀特性的方式。

我認爲，到目前爲止，大家一般都知道，光通常是電子產生的，尤其是原子裡那些圍繞原子核「活動」的電子產生的。一個電子既不是紅色的，也不是藍色的，也不是任何其他顏色；質子（氫原子的原子核）也是這樣。但是，據物理學家說，氫原子裡電子和質子的結合，會產生波長不連續排列的電磁輻射。這種輻射的均勻組分被三稜鏡或光柵分解時，透過某種生理過程的中介，在觀察者身上刺激出紅、綠、藍、紫光的感覺，但是，這些顏色感覺的整體特點足以表明，它們不是紅色、綠色或藍色的，其實上述神經單元只是受到刺激，而並沒有顯示出顏色；但就產生知覺的那個人而言，他的神經細胞無論是否受到刺激，都是白色或灰色的，與他對顏色的知覺毫不相干。

然而，我們對氫原子輻射和對這種輻射的客觀物理性質的知識，來自於人們從發光的氫氣產生的光譜的某些位置上，對有色的光譜線進行的觀察，這樣就獲得了初步知識，但絕不是全面的知識。爲了獲得全面的知識，必須立即開始排除感官感覺（sensates），而且在此特例中，很值得繼續這樣做。我們從顏色本身得不到波長的知識；其實，我們以前就已經明白這點，例如，如果我們不知道分光鏡的結構排斥了以下這種情況的話，我們也許認爲，黃色光譜線可能不是「單色的」（按物理學家的用法），而是由許多不同的波長組成。分光鏡收集光譜中特定位置上特定波長的光，無論它來自何種光源，在這個位置上出現的光始終是同一種顏色。即使如此，色感的特質並未提供絲毫直接的線索來推斷物理特性、波長以及與我們辨別顏色完全無關的東西，我們的物理學家不會對此感到滿意。就理論而言，藍色感覺可能受到長波刺激，紅色可能受到短波刺激；實際的情況正相反。

爲了全面了解任何光源發出的光的物理性質，必須使用一種專門的分光鏡，也就是利用繞射光柵進行分光，而不是用三稜鏡，因爲你事先並不知道三稜鏡折射不同波長所依據的角度，而不同材料的三稜鏡是依據不同的角度。事實上，根據演繹推斷，你甚至無法用三稜鏡說明偏移程度愈大的輻射，實際上波長越短。

光柵的原理比三稜鏡的原理簡單得多。根據有關光的基本物理假設：光是一種波動現象，如果你已經測定過每吋光柵上等距刻線的數目（通常達數千），你就可以弄清特定波長確切的偏向角，於是反過來，你也能從「光柵常數」（grating constant）和偏向角推斷波長。在某些情況下，特別在塞曼效應（Zeeman effect）和斯塔克效應（Stark effect）的情況下，某些光譜線是偏振的。爲了完全了解這方面的物理性質——在這方面，肉眼是完全感覺不到的——在分光之前，可將一個起偏振鏡（尼科爾稜鏡，Nicol prism）放在光束的通路上，然後將尼科爾稜鏡繞它的軸緩慢地旋轉，當稜鏡轉動某些特定的角度時，某些光譜線就會消失或減弱到最小亮度，這些情況就標示出完全或部分偏振（垂直於光束）的方向。

一旦上述技術得到充分發展，便可將它延用到遠超出可見光的範圍。發光蒸汽的光譜線絕非限於可見光範圍，它在物理上並不是特別重要。從理論上說，光譜線有無限多條，且形成「線系」，其波長由相當簡單的數學定律聯繫在一起。相當奇特地，該定律在整個線系內都成立，對那些恰巧落於可見光範圍內的譜線並沒有什麼區別。這些線系定律起初是透過實驗發現的，但是現在可以從理論上加以理解。當然，超出可見光範圍時必須用照相底片代替眼睛。波長完全是根據長度測定值加以推算的，其方法是：首先一勞永逸地求出光柵常數，即相鄰刻線之間的距離（每單位長度內刻線數的倒數），然後測定光譜線在照相底片上的位置，結合儀器的已知尺寸，即可計算出偏向角，最後可以推算波長。

這些都是眾所周知的事實，但是我想強調以下具有普遍重要性的兩點，它們幾乎可以適用於所有的物理測量。

我在這兒相當詳細說明的實際情況，往往被人說成是由於測量技術的精進，越來越精巧的儀器將逐步取代觀測者。在目前的情況下，這種說法肯定是不對的；觀測者不是逐步被取代，而是從一開始就被儀器取代。我曾經力圖說明，觀測者對現象的色彩印象完全沒有對其物理性質提供任何線索。在採用刻劃光柵和測量某些長度和角度的儀器以後，我們方才對我們稱之為光及其物質組成部分的客觀物理性質，獲得一些最粗淺的知識。而這一步至關重要。儀器後來逐漸變得精細，但本質上始終不變。則不管有了多麼重大的改進，從認識論角度來說並不重要。

第二點是：觀測者從來沒有被儀器完全取代，如果他真的被完全取代的話，他顯然將無法獲得任何知識。他必須製造儀器，並在製造過程中或製成以後，仔細測量儀器尺寸，校正活動部件（比如繞錐形鞘旋轉且沿著圓形角度刻度盤滑動的支撐桿），以便確保零件運動精確無誤，符合要求。的確，在進行某些測量和檢驗時，物理學家要倚賴生產和提供儀器的工廠；不管使用多麼精巧的儀器使工作變得容易，所有的數據最終仍離不開某個或某些活生生的人的感官知覺。**最後**，觀測者在利用儀器進行研究時，他必須記下儀器上的讀數，比如在顯微鏡下或者在照相底片上記錄的譜線之間對角度或距離的直接測定。很多有用的儀器可以減輕工作的難度，例如光度測量技術可以記下照相底片的透明度，並得到一幅放大的圖，在圖上可以很容易看出光譜線的位置。但是無論如何，必須要有人去看圖！觀測者的感覺最後仍得加入進來，如果無人去觀察，即使是最詳盡的記錄也無法向我們說明任何事情。

看來我們又回到那個奇怪的情況。雖然我們的直接感官經驗不能透露經驗對象的客觀物理性質（或者我們通常認爲是這樣的性質），而且從一開始就不應該當做資訊的來源，但是我們最後獲得的理論圖像，卻完全依賴於各種資訊組成的複雜系統，而這些資訊又全部是由直接的感官經驗獲得的。它們是理論圖像的基礎和組成部分，然而卻不能說理論圖像眞的包含它們。在運用理論圖像時，我們往往忘記了這些知覺，唯一的例外是一般而言，我們知道光波概念不是某位怪人的偶發念頭，而是建立在實驗的基礎之上。

當我發現偉大的德謨克利特在公元前五世紀就已清楚地了解這種情況時，我感到十分驚訝，因爲當時他所知道的測量儀器根本不能和我向大家談到的物理測量儀器（這些是當今使用的最簡單的儀器）相比。

蓋利納斯（Galenus）曾爲我們保存了德謨克利特著作的片斷（《晝夜》，第一二五片段）。德謨克利特在那裡提出：理性（intellect, διάνοια）和感性（senses, αἰσθήσεις）在什麼是「眞實的」（real）這個問題上有過爭論。理性認爲：「從表面上看，顏色、甜、苦等現象都是存在的，但是實際上只有原子和虛空才是眞實的事物。」感性對此反駁道：「可憐的理性，你從我們這兒借用了證據，你還想擊敗我們嗎？你的勝利也就是失敗。」

我力圖在本章用最素樸的科學，也就是物理學的簡單例子，來對比兩件普遍的事實：（一）所有科學知識都是以感官知覺爲基礎，和（二）然而這樣形成的關於自然過程的科學觀點，仍然缺乏一切感覺性質，因此不能說明這種性質。

最後讓我來做個總結。

科學理論協助我們檢驗我們的觀察和實驗的結果。每位科學家都知道，至少在一些與事實有關的素樸的理論圖像形成之前，要記住一群稍微廣泛的事實，是多麼地困難。難怪寫作原創論文或教科書的人一旦有個相當通貫的理論在手，就會以該理論的詞彙鋪陳事實或描述他們的發現，這並不能用來指責那些作者。此一程序雖然在使我們以有條不紊的方式記住事實的這件事上十分有效，但是往往會讓人忽略了實際觀察的結果和由此產生的理論之間的差異。由於實際觀察總是帶有某些感覺性質，所以容易讓人們誤以爲理論可以說明感覺性質，但理論其實從未做到這一點。

第三部　自傳概述

薛丁格的孫女維倫娜（Verena）英譯

在我這一生中，我和我的至交，也是唯一的密友，常常是天各一方（或許正因如此，我才多次被指責爲人情淡薄、不重視眞誠的友誼）。他研究生物學（準確地說是植物學）；而我研究物理學。多少個夜晚，我們總是在格盧克街（Gluckgasse）和施呂塞爾街（Schlüsselgasse）之間來回漫步，全神貫注地探討哲學問題。當時我們幾乎不知道，那些我們自以爲是的獨創見解，千百年來一直盤踞在偉大的心靈中。教師們不總是竭力避免談到這些話題，以免可能違背宗教教義，而引起令人不安的問題嗎？這就是我轉而反對宗教的主要原因，雖然宗教從未對我造成任何傷害。

我已經記不得究竟是在第一次世界大戰之後，或在我客居蘇黎世的那段日子（一九二一—二七年），還是後來住在柏林的時候（一九二七—三三年），我和弗蘭茲爾（Franzel）又共度了一個漫長的夜晚。直到午夜時分，我們仍坐在維也納郊外一家小咖啡館裡交談。隨著歲月的流逝，他似乎變化很大，畢竟我們不常通信，信中也沒講什麼。

我先前也許提過我們還曾一起研讀瑟蒙（Richard Semon）的著作，而在此之前和之後，我都未曾和任何人討論內容如此嚴肅的書。不久，瑟蒙便遭到生物學家的排斥，因爲他們覺得他的觀點是以後天性狀的遺傳學說作爲基礎，於是，他的名字便漸漸被人們遺忘。多年以後，在羅素（Bertrand Russell）所著的一本書（《人類的知識》[*Human Knowledge*]？）中，我又意外地讀到論述瑟蒙的內容，因爲羅素對這位溫和的生物學家進行了詳盡的研究，並強調他所提出的記憶力理論的重大意義。

我和弗蘭茲爾直到一九五六年才又見面，這次是在寒舍，維也納巴斯德街（Pasteurgasse）四號，一次十分簡短的會面，當時還有別人在場，所以那十五分鐘的會面實在不值一提。弗蘭茲爾和他的妻子住在奧地利境外，也就是奧地利北面的那個國家，雖然政府當局似乎並未加以阻撓，但是要離開那個國家已相當困難。兩年以後，他溘然長逝，我們再也無法見面。

現在，他心愛的弟弟西爾維奧（Silvio）的孩子——他可愛的侄兒和姪女，仍然是我的朋友。西爾維奧是家中的幼子，他在克連斯（Krems）當醫生。我於一九五六年重返維也納時，曾去那兒看望他，當時他想必已身染重病，因爲此後不久，他就離開人世。弗蘭茲爾的一個哥哥，E君，目前仍然健在，而且是克拉根福（Klagenfurt）一位受人尊敬的外科醫生。有一次，E君領我爬上多洛米特山（Sextener Dolomites）的安塞（Einser），並且好心地照看我平安無事地下山。不過可能是因爲我們的世界觀不同，所以現在我們已失去聯繫。

一九〇六年，就在我將要進維也納大學（我正式就讀過的唯一一所大學）就讀前夕，偉大的波茲曼（Ludwig Boltzman）在杜伊諾（Duino）遇到了悲慘的結局①。直至今日，哈森諾爾（Fritz Hasenohrl）向我們講述波茲曼業績時，那清晰、準確又熱情的話語，依然響在耳邊。一九〇七年秋天，這位波茲曼的弟子和繼承者，並未舉行任何盛大的儀式或典禮，就在土肯大街（Türkenstrasse）那所舊大樓樸素的講堂裡發表了就職演說，他對波茲曼的介紹，讓我留下極深刻的印象，儘管後來有蒲朗克和愛因斯坦，但是任何其他的物理觀念，似乎都不及波茲曼的觀念對我的影響重大。順便一提，愛因斯坦早期（一九〇五年以前）的著作說明也提到他對波茲曼的著作非常著迷，他是通過轉換波茲曼方程式 $S=k\ l_n\ W$，而向前邁一大步的唯一人。

①波茲曼因對原子論的看法與當時學界權威不同而引發激烈爭辯，加上個性悲觀，終於該年自殺。——審訂注

哈森諾爾對我的影響是誰都比不上的——也許除了我父親魯道夫（Rudolph）。在我與父親共同生活的許多歲月裡，他引導我探討過許多他感興趣的問題，這些事下面再細談。

學生時代，我曾與漢斯．提林（Hans Thirring）交往，並發展爲永恆的友誼。一九一六年哈森諾爾陣亡時，提林成爲他的繼任者，他在七十歲時退休，放棄繼續擔任榮譽職務的權利，將波茲曼遺留的教授職位讓給自己的兒子華爾特（Walter）。

一九一一年以後，在我做埃克斯納（Fritz Exner）的助手時，遇到科爾勞施（K. W. F. Kohlrausch），也和他建立了持久的友誼。科爾勞施藉由實驗證明「史韋德爾起伏現象」（Schweidle Fluctuations）存在，並因而成名。在第一次世界大戰爆發的前一年，我們曾共同研究「二次輻射」（secondary radiations）問題，這是在各種材料的小底板上，以儘可能小的角度，產生一種（混合的）γ射線束。在那些年裡，我明白了兩件事：第一，我不適宜做實驗工作；第

二，我的環境和周圍的人再也無法使實驗取得大規模的進展。原因很多，其中之一便是，在古老而又迷人的維也納，人們常常按照資歷，把好心但是浮躁易犯錯誤的人安排在關鍵性的位置上，從而阻礙了一切進展。要是當時就認識到必須要在關鍵性的位置上安排智慧過人的人，就算從天涯海角也要把他們請來，那就好了！大氣電學理論和放射性理論原來都是在維也納發展起來的，但是無論這些理論傳播到哪裡，任何想要眞正獻身於自己事業的人，都得追隨這些理論到處跑。例如，麗絲·邁特納（Lise Meitner）便離開維也納，去了柏林。

再說到我自己。回想起來，最令我快慰的是，在一九一〇年到一九一一年進行預備役軍官訓練期間，我被任命爲埃克斯納的助手，而不是哈森諾爾的助手，這表示我能和科爾勞施一起做實驗工作，能利用大量極好的儀器，還能將它們帶回自己房中，尤其是光學儀器，我可以盡情擺弄它們。我因此能校準干涉儀、讚賞光譜，混合各種色光等等，藉著瑞利方程式（Rayleigh equation），我還發現自己是兩色色盲。此外，我還投身於長時期的實踐過程，從而認識到測量的重要意義。但願能有更多的理論物理學家也能這樣做。

一九一八年，我國發生了一場革命，卡爾皇帝（Emperor Karl）退位，奧地利成爲共和國。我們的日常生活雖然和以往相差無幾，但是我的生活卻受到奧匈帝國分裂的影響。我原已接受徹諾維茨大學（University Czernowitz）理論物理學講師的職位，並且已經計畫好將空餘時間都用來研究哲學，因爲我當時剛發現叔本華，他使我了解《奧義書》中梵我一體的原理（Unified

Theory of Upanishads）。

革命害我的計畫全部泡湯，因爲徹諾維茨大學不再受維也納管轄。

對於維也納人來說，第一次大戰及其結果意味著我們的基本需要再也不能得到滿足，飢餓是勝利的協約國爲了報復敵人無限的潛水艇戰爭（U-boat war）所選用的懲罰。這種潛水艇戰爭是如此殘酷，使得俾斯麥親王的繼承人及其追隨者，在第二次世界大戰中，只能在數量上，而不是在質量上超過這場戰爭。飢餓現象遍及全國，唯有農場例外，可憐的婦女迫不得已去農場要雞蛋、奶油和牛奶，儘管她們是用編織的外套和漂亮的裙子等實物來換取這些食品，但是她們仍會遭到嘲笑，被視爲乞丐。

在維也納已經不可能和朋友社交、聚會，因爲沒有東西可以款待客人，即使最簡單的菜餚也得留來當禮拜日午餐。每天去社區食堂能在某種程度上補償社交活動的匱乏，社區食堂常被人稱做「戲法食堂」①，我們都在那兒進午餐。實在要感謝食堂的婦女們，她們認爲做出「無米之炊」是她們義不容辭的責任。爲三、五十人做飯，確實比爲三個人做飯容易，而且又能解除別人的負擔，想必這件事本身也是值得的。

① 德文的社區食堂爲「Gemeinschaftkuchen」，該詞中的「Gemeinschaft」意爲「社區」，與「戲法」（Gemeinheit）一詞，詞形相近。——譯注

我和父母在社區食堂結識了一些志趣相投的人，其中有些人後來成為我們全家的至交，像是拉登夫婦，他們兩人都是數學家。

我認為不管怎麼說，我和雙親的處境可算得上是艱難的。當時，我們住在維也納市內一間大公寓房裡（其實是由兩間房間合成一間）。這間房子是市內一幢頗值錢的樓房的五樓，它是我外祖父的房產，但是房裡沒有電燈，一方面是因為外祖父不願出錢安裝電燈，另一方面是因為當時燈泡價格仍然很貴，而且效能不佳，尤其是父親已經習慣使用優質的煤氣燈，所以我們認為實在沒有必要安裝電燈。我們拆掉貼有瓷磚的舊式火爐，改用有銅反射板的堅固煤氣爐，這麼做是希望自己日子好過些，因為當時很難請到僕人。雖然廚房裡仍有一座燒木材的舊式大火爐，但是我們也用煤氣做飯。這種情況勉強過得去，直到有一天，某個高層官僚機構，大概是市議會，發佈命令說，煤氣要實行配給，從那天起，不管家裡的煤氣怎樣使用，每戶每天一律只准用一立方公尺，任何人超過規定用量，他家的煤氣就會被切斷。

一九一九年夏天，我們去卡林西亞（Carinthia）的米爾施塔特（Millstadt）湖度假。那年父親六十二歲，開始顯露出年邁的跡象，而且這也是致命性疾病的症狀，但是當時我們還未意識到這一點。我們外出散步時，父親總是跟不上，尤其是爬坡的時候，他總是裝著對某種植物感興趣，以掩飾他已精疲力盡。大約自一九〇二年起，父親就主要從事植物學研究，每年夏季的幾個月中，他都會為自己的研究工作收集資料，不是為了建立自己的植物標本收集室，而是為了用顯微鏡和顯微切片機做實驗用。他已經成爲形態演化學家和物種演化學家，而放棄對義大利偉大畫家的鑽研和自己的美術愛好——以前他曾畫過無數幅風景素描。每當他散步落後時，我們連哄帶勸地對他說，「哦，魯道夫，走啊！」「薛丁格先生，時候不早了。」父親對此表現出很不耐煩，可是我和母親都沒有覺察出他跟不上的眞正原因，因爲我們對他的舉止習以爲常，以爲他只是在專心致志地從事研究。

我們返回維也納以後，父親的症狀更加明顯，可是我們仍未認眞看待這些疾病的先兆：他的鼻子和視網膜經常嚴重出血，到最後腿部也發生水腫。我想他比任何人都早知道，他將不久於人世。不幸的是，這種情況正好發生在前面提到的煤氣配給時期。我們弄到了一些炭棒燈，他堅持要親自照料這些燈。他漂亮的藏書室這時已變成碳化物實驗室，會散發出一股難聞的惡臭。二十年前，當他和施穆策爾（Schmutzer）一道學習蝕刻法時，他曾在這個房間裡，將銅板和鋅板浸泡在酸和氯化水中。當時我還在上學，而且對他的活動表現了很大的興趣；但是此時，我沒有參與他的研究。在大戰期間服役將近四年之後，我很高興回到自己心愛的物理研究所；另外，一九一九年秋天，我和一位小姐訂了婚，她後來成爲我的妻子，我們結褵至今已有四十年。我不知道父親是否得到妥適的治療，但是我的確知道，我本該更好地照顧他。我本該請理查·馮·韋特史坦（Richard von Wettstein）在醫務界找人爲他治病，因爲馮·韋特史坦畢竟是父親的好朋友。比較高明的醫術是否會減緩他動脈硬化病情的發展呢？果眞如此，那不是對病人有益嗎？可是一九一七年我們在史蒂芬斯廣場（Stephansplatz）經營的油布和漆布店關閉（由於存貨不足）以後，只有父親對家中的經濟狀況瞭如指掌。

一九一九年的聖誕節前夕，父親在那把舊安樂椅中安詳地與世長辭。

第二年通貨膨脹非常嚴重，這意味著父親留下的些微的銀行存款更不值錢，不過，這點存款從來就沒能讓我的雙親擺脫困境。父親以前賣掉波斯地毯（徵得過我的同意！）的收入，已經花費一空；父親的顯微鏡、切片機和藏書室中大部分物品，在他逝世以後，都已被我廉價出售。他生前的最後幾個月中，最擔心的事莫過於，我過了而立之年，已經三十二歲，實際薪俸仍十分微薄，只有一千奧地利克朗（那是納稅之前的數字，因爲我確信父親在其納稅申報單上列了它，只有我在戰爭期間當軍官時除外）。他生前看見他兒子唯一的成就是我已被提供（也已接受）一個報酬較好的職位：在耶拿（Jena）大學當兼職講師以及當韋恩（Max Wien）的助手。

一九二〇年四月，我和妻子遷往耶拿，留下母親獨自照料自己，她因此得擔負起整理行裝和打掃房間的繁重工作，至今我對此仍然感到內疚。唉，我們當時是多麼糊塗啊！房子的產權屬於外祖父，在父親去世後，他相當擔心房租由誰付。我們付不起房租，母親只得把房間騰出來，給一位較富有的房客住。這位房客是我未來岳父好心介紹來的，他是爲鳳凰公司，一家興旺的保險公司工作的猶太商人。於是母親不得不搬家，但是她搬到什麼地方去，我卻不知道。如果當時不是那麼糊塗，我們本該預見到——成千上萬類似的情況本該證明我們是對的——要是母親多活幾年，那一大套裝潢精美的房間，對母親將是多麼巨大的一筆財產啊！母親於一九一七年曾因患乳腺癌動過手術，我們當時以爲手術很成功，但是後來，她於一九二一年秋又患脊椎癌離開人世。

我很少記得做過的夢，而且可能除了幼年時以外，很少做惡夢。然而，在父親去世後很長的一段時間裡，我卻一再做同樣的惡夢，夢境是：父親還在世，而我卻已把他全部極好的儀器和植物學的書籍賣掉。既然我已輕率且無可挽回地毀掉了他知性生活的基礎，那他該怎麼辦呢？我相信，這是因爲我的良心受到譴責，才會做這種夢，因爲在一九一九年到一九二一年間，我對父母實在關心得太少。只能作這樣的解釋，因爲在一般情況下，我不會被惡夢困擾，更不會因自責而難過。

我的童年和青春期（一八八七年至一九一〇年左右）主要受父親的影響，不是透過正式的教育方式，而是潛移默化的影響。一方面是由於父親比大多數上班謀生的人在家的時間多，另一方面是由於我也在家。在我受啓蒙教育時，一位家庭教師每週幫我講課兩次；而在我進文法學校（Grammar school）時，學校仍堅持每週上課二十五小時的可貴傳統，只有上午上課（每週只有兩個下午，我們得上基督教新教的宗教課）。

在那種情況下，我學到很多知識，不過這些知識並非都和宗教科目有關。學校上課規定時限大有好處，如果某個學生偏愛某門學科，他有時間去思考，而且可以請家庭教師，學習學校課程以外的學科。對我的母校（大學專科預科學校，Akademisches Gymnasium）我只有讚揚，我在那裡幾乎從未感到厭倦，就算我有厭煩的情緒時（我們的哲學預備課程確實糟糕），我也能把注意力轉向其他科目，例如，法文翻譯課。

寫到此處，我想增加些較一般的內容。染色體作為遺傳的決定因素這個發現，似乎賦予社會以下的權利：可以忽略掉同樣重要的其他因素，像是溝通、教育和傳統等人們較熟悉的社會化方式。因為有人認為，從遺傳學的觀點看，這些因素不夠穩定，所以無關重要。這種觀點確實有道理，但是也有像豪瑟爾（Kasper Hauser）①的例子，還有一小群生活在類似「石器時代」的塔斯馬尼亞②兒童的例子，那些孩子最近才生活於英國人的環境中，並接受一流的英國式教育，結果他們達到了上等英國人的教育水準。這些難道不是在向我們證明，要產生像我們這樣的人，既需要染色體密碼，也需要文明的人類環境嗎？換句話說，每個人的聰明才智，既受「先天血統」（nature）的影響，也是「後天教養」（nurture）的結果。因此，學校（不像我們的瑪麗亞．德蕾莎皇后③喜歡見到的那樣）對於人們的教育有非常寶貴的作用，而在實現政治目的方面的作用就小得多。良好的家庭環境，就像是為學校播種準備沃土，同樣也十分重要。不幸的是，某些人卻忽視這個事實，他們宣稱，只有那些知識水準低下的家庭，才應該送孩子進學校以提高教育水準（那麼，他們自己的孩子是否不算在內呢？）。英國上層社會同樣也忽視家庭環境的影響。在英國，進寄宿學校代替家庭生活，被視為高尚；少小時離家讀書，被看作高貴的象徵。所以，即使是當今英國女王也不得不與長子分離，把他送進這類寄宿學校。

①豪瑟爾，德國人，他的身世曾成爲十九世紀最有名的神祕傳說之一。——譯注

②塔斯馬尼亞人（Tasmanians），原居住在澳大利亞一個島嶼上的土著居民，現已消亡。——譯注

③瑪麗亞．德蕾莎（Maria Theresia, 1717-80），奧地利女大公、匈牙利女王、波希米亞女王、神聖羅馬帝國皇帝法蘭西斯一世的皇后。其父查理六世因無男嗣，故頒布《國本詔書》，確定女嗣有權繼承皇位。她於一七三六年與法蘭西斯．史蒂芬結婚，並於一七四〇年查理六世去世後繼位，因而爆發「奧地利皇位繼承戰爭」。一七四五年讓位給其夫，但仍強力主導國政，故她爲十八世紀歐洲的重要人物之一。——審訂注

嚴格地說，這些事與我毫無關係，我會想到這個問題，只是因爲我再次意識到，青少年時與父親共度的時光，使我受益匪淺，如果他當時不在家，我只能從學校獲取知識，那點知識會是多麼微不足道。父親所擁有的知識，遠比學校教給他的多，這不是因爲他在三十年前給強迫灌輸的，而是因爲他一直孜孜不倦地學習。如果我在此詳述他求學的過程，就得講很長的故事。

後來，當他研究植物學時，我已經貪婪地讀過《物種起源》了，我們的討論開始有不同的特點，當然與學校傳播的觀點不同。當時學校裡的生物課還禁止講演化論，而且學校的宗教課老師稱演化論爲異端邪說。當然，我不久就成爲達爾文主義的熱情追隨者（至今仍然如此），父親則受到朋友的影響，極力主張謹慎小心。不過，無論是物競天擇和適者生存之間的聯繫，還是孟德爾的遺傳定律（Mendel's Law）和德弗里斯的突變原理都有待充分地發現。直到現在我仍不明

白，為什麼動物學家總是傾向於極力推崇達爾文，而植物學家則似乎持比較保留的態度。然而，在一個問題上，我們大家意見都是一致的。當我說「大家」的時候，我特別記得霍夫拉特·安東·漢德立希（Hofrat Anton Handlisch），他是自然史博物館的一位動物學家，也是我父親的朋友中我最熟悉和喜愛的人。我們一致認為：演化論的理論基礎事出有因，但不是最終的理論；任何特殊的規律，例如生命力（entelechy）或定向演化趨力（force of orthogenesis）等，在生物中起作用時，並不取消或抵制無生命物質的普遍規律。我的宗教課老師絕不會喜歡這個觀點，但是無論如何，他與我無關。

我們家人有夏天外出旅行的習慣，這不僅使我的生活豐富多彩，而且也有助於促進求知的慾望。我記得上中學（Mittleschule）的前一年，我們曾去英國遊覽，當時住在藍蓋特（Ramsgate）母親的親戚家，那漫長廣闊的海灘是騎毛驢和學騎自行車的理想地點。潮汐劇烈的漲落，吸引我極大的注意力。沿著沙灘設有不少裝著輪子的更衣小棚，有人根據漲潮退潮，忙著用馬來回遷移這些更衣棚。在英吉利海峽航行時，我第一次注意到，由於海面的彎曲，早在遠方的船隻出現在地平線上之前，人們就可以看見煙囪冒出的煙。

在利明頓（Leamington），我見到了住在馬迪拉別墅（Madeira Villa）的外曾祖母，人們稱她羅素夫人，她住的那條街也叫做「羅素街」，我深信那是為紀念已逝的外曾祖父而命名的。我母親的一位姨媽和姨丈，艾爾弗雷·柯克，也住在那兒。她養著六隻安哥拉貓（後來聽說有二十隻），還有一隻普通公貓，這隻公貓常在夜間冒險之後，愁眉苦臉地回家，所以被取名湯馬斯．貝克特（Thomas Becket，英王亨利二世下令處死在職的坎特柏立〔Canterbury〕大主教，就叫這個名字）。當時，這件事對我無關緊要，而且取這個名字也不很恰當。

當我五歲時，母親最小的妹妹明妮，從利明頓搬到維也納來。多虧她，使我早在能用德語寫作之前，當然更不用說是在能用英語寫作之前，就學會說流利的英語，後來當我學到原以爲十分熟練的英語拼寫和閱讀時，我真的大吃一驚。靠母親的幫助，我開始每天學半天英語，當時我對這種學習並不十分樂意。我們總是一起從韋赫堡（Weiherburg）散步到美麗且當時還算寧靜的小鎮，因斯布魯克（Innsbruck）。母親總是說：「現在我們一路上只能講英語，不能講德語。」我就是這樣學習英語的。後來我才了解，直到今天，這件事對我是多麼有益，雖然我曾被迫離開祖國，但是我從未感到身在他鄉爲異客。

我依稀記得曾多次騎自行車遊覽利明頓周圍的凱尼爾沃思（Kenilworth）和瓦立克（Warwick）。從英格蘭回因斯布魯克時，我們曾乘汽船逆萊因河而上，途經布魯日（Bruges）、科隆（Cologne）與科布倫茲（Coblenz），我還記得到過呂德斯海姆（Rüdesheim）、法蘭克福和慕尼黑；最後回到因斯布魯克。我還想起我們寄宿在理查．阿特梅爾（Richard Attlmayr）的小客棧的點點滴滴。

從那兒到聖尼古拉斯（St. Nikolaus）後，我開始上學，由家庭教師授課，因爲父母擔心我度假時已忘掉初學的識字、拼寫和算術，到秋天時不能通過入學考試。後來幾年，我們夏天幾乎總是到南提羅爾（South Tyrol）或卡林西亞去；有時，我們會在九月份到威尼斯去幾天。在那些歲月裡，我有機會見到無數美好的東西，可是由於有了汽車、「開發」和新的邊界產生，這些美妙的東西現在已不復存在。我以爲在當時，更不用說今天，很少人在童年及青春期能有這樣幸福的經歷，即使我是個獨生子亦然。大家都對我很友善，我們和睦相處。但願天下的老師，包括父母在內，都要牢記，必須和孩子們互相理解！如果沒有互相理解，我們就不可能對託付給我們的孩子們產生持久的影響。

或許我應該談談點一九〇六年到一九一〇年間，我上大學時的情況，因爲後面可能再沒機會談起。前面我曾提到哈森諾爾和他精心設計的四年課程（每週五個小時！）對我的影響最深遠，但遺憾的是，因爲不能再延遲爲國服兵役的時間，我沒能上最後一年課程（一九一〇年至一九一一年）。後來證明，這件事並未像我想像的那樣令人不快，因爲我曾被派往美麗的古城克拉科夫（Cracow），而且在靠近卡林西亞邊境（馬爾博赫 [Malborghet] 附近）度過了一個難忘的夏天。在大學裡，除了聽哈森諾爾的課以外，我還去聽其他一切我能聽的數學課。科恩（Gustav Kohn）講授投影幾何課，他的作風十分嚴謹且條理分明，給我留下了不可磨滅的印象。科恩會在某一年採用單純綜合的方法——不用任何公式——到下一年改用分析的方法。事實上沒有更好的例子能說明公理體系的存在。經由他的講課，二元性（duality）成爲一種令人驚訝的現象，此二元性之表現在二維與三維的情形稍有不同；他還向我們證明，克萊因（Felix Klein）的群論對於數學發展的深刻影響。在二維結構中，必須承認第四調和元素的存在是個公理；而在三維結構中，這一點很容易得到證明；這個事實對他來說，是哥德爾（Goedel, Gödel）偉大原理的最簡單的例證。我從科恩處學到很多後來絕不會有時間去學的知識。

我聽過哲魯薩冷（Jerusalem）談斯賓諾莎（Spinoza）的講課，這是任何聽過他講課的人都難以忘懷的經歷。他論述過許多事情，論述過伊比鳩魯的「死亡不是人類的敵人」的觀點以及他的「對於虛無的想像」，這是伊比鳩魯在作理論推理時念念不忘的命題。

上大學的第一年，我還做定性化學分析，當然從中獲益匪淺。斯克勞普（Skraup）所講的無機化學分析課，相當精彩，所以夏季那學期，我繼續上他開的有機化學分析課，但相比之下，這些課就遜色得多。本來這些課可能精彩十倍，但仍幾乎不會加深我對核酸、酶、抗體等的理解。因此就如從前一樣，我只能靠直覺，自己摸索前進，不過自己摸索仍然很有成效。

一九一四年七月三十一日，父親到我波茲曼街的小辦公室裡，告訴我被徵召入伍的消息，我要去的第一個目的地，是卡林西亞的普雷迪撒特爾（Predilsattel）。我們外出買了兩枝槍，一枝短槍、一枝長槍，幸好我從未被迫用這兩枝槍來對付敵人或動物。一九三八年，我在格拉茲（Graz）的寓所被搜查時，當然把它們交給了那位和藹的官員，以防萬一。

現在簡單談談戰爭的情況。我奉派去作戰的第一個地方是普雷迪撒特爾，那兒平安無事，只有過一場虛驚。我們的指揮官藍德爾（Reindl）上尉，曾和親信的人做好安排，一旦義大利軍隊接近開闊的山谷，向湖邊（萊布勒湖，Raiblersee）推進時，就燃煙爲信號，向我們示警。碰巧有人在邊界上烤馬鈴薯或是燒雜草，於是我們奉命部署在兩個觀察哨裡，我負責左邊的觀察哨。我們在哨所裡待了十天，直到有人想起，才把我們召回。在觀察哨時，我才發現睡在有彈性的地板上（只有一個睡袋和一條毯子時），比睡在硬板上舒服得多。

另一次的觀察任務，性質和前一次不同，可算是絕無僅有的經歷。有一天夜裡，值勤的哨兵把我喚醒，向我報告說，他看見對面山坡上有些燈光在移動，顯然是向我們的陣地方向前進。順便提一下，我們所在的這面山（西柯夫山，Seekopf），根本沒有小路可走。我爬出睡袋，穿過連接通道，到哨所去，以便能就近進行觀察。哨兵說有燈光，沒錯，但是這些光其實離我們只有幾碼遠，是我們自己的有刺鐵絲網頂放電造成的「聖艾摩之火」（St Elmo's fire）。在這種背景下，看見火光移動，只是視差現象，這是因爲看到這種現象的人自己在走動。當我夜間走出寬敞的掩體時，經常在覆蓋掩體頂的青草葉尖上看到這些可愛的小火光。這是我唯一一次偶然碰到的這種現象。

在普雷迪撒特爾度過不少日子，但無仗可打，後來便被派往法蘭岑費斯特（Franzensfeste），之後又到克連斯和科蒙（Komorn）。我曾在前線服役過很短的時間，我加入了一支小部隊，先在哥里加（Gorizia），後來又到杜伊諾。部隊配備有不同一般的海軍炮。最後，我們撤退到西斯提亞那（Sistiana），我從那兒被派往普羅賽科（Prosecco）附近，一個令人生厭的觀察哨所去，那裡高出的港（Trieste）九百呎，風景卻很美麗。這個哨所配備的炮更加奇特。我的未婚妻安瑪麗（Annemarie）曾到哨所來看望我，有一次，齊塔（Zita）皇后的兄弟、波旁家族的西克斯特斯（Sixtus）親王，訪問我們的陣地。他沒有著軍裝，但後來我才知道，他其實是我們的敵人，因爲他在比利時軍隊中服務。其原因是，法國不讓波旁家族的成員參加法國軍隊。當時他來訪的目的，是要促成奧匈帝國和協約國之間另行締結和約。這項行動當然意味著嚴重背叛德國，遺憾的是，他的計畫從未實現。

我是在普羅賽科初次接觸到愛因斯坦於一九一六年提出的理論，當時我雖然有許多可自由支配的時間，然而，要理解這個理論卻很困難。不過我當時所作的一些眉批，甚至現在看來，仍然是很有見地的。愛因斯坦總是用不必要的複雜方式，提出一種新理論，一九四五年他提出所謂「非對稱性」么正場論（asymmetric unitary field theory）時，更將此法發展到極致。或許這並不只是那位偉大人物的特點，人們假設一種新觀念時，幾乎往往會發生這種情況。關於上面提到的理論，庖立（Pauli）當時在德國告訴愛因斯坦，沒必要引入繁複的量，因爲他的每一個張量方程式已經包含一個對稱及純對稱（sheer symmetric）部分。只有在一九五二年，爲祝賀德布羅意（Louis de Broglie）六十歲生日出版的一本書中，他和考夫曼女士（Mme B. Kaufman）合寫的一篇文章中，終於高明地摒棄所謂的「強」（strong）版本，眞正同意我所主張的簡明敘述方式，這的確是非常重要的改變。

戰爭的最後一年，我擔任「氣象學家」的職務，最初在維也納，接著到非拉克（Villach），再到維納諾斯塔（Wiener Neustadt），最後又回到維也納。對我來說，這可是天大的好事，因爲這樣我才沒有碰上從崩潰的前線逃難般地撤退。

一九二〇年三、四月份，我和安瑪麗結婚。不久，我們就遷往耶拿，住進有家具的寄宿房屋。耶拿大學奧爾巴赫（Auerbach）教授希望我能爲他已準備好的講稿，增添一些有關理論物理的最新內容。我們和奧爾巴赫一家（他們是猶太人）以及我的上司韋恩夫婦（他們在傳統上是反猶太人的，但是不帶個人的怨恨）都是好朋友，關係密切，這種良好的關係對我的幫助極大。我聽說，由於希特勒上臺（Machtergreifung），奧爾巴赫一家在一九三三年面對即將受到壓迫和屈辱走投無路，只好自殺。埃伯哈特．布赫瓦德（Eberhard Buchwald）是新近喪妻的年輕物理學家，還有埃勒（Eller）夫婦倆和他們兩個年幼的兒子，他們都是我們在耶拿時的朋友。去年（一九五九年）夏天埃勒夫人到阿爾巴赫（Alpbach）來看我，這位可憐的女人在戰爭中失去了她的三個男人，而且他們都是爲自己並不相信的主張戰死的。

按年月順序敘述個人生平，是我認爲最乏味的事之一。無論是回顧自己或是別人的一生中的事件，即使當時你認爲事件的歷史順序似乎很重要，你能夠敘述的，仍不過是偶然的經歷和觀察。因此我打算把一生中的各個階段簡單歸結一下，以便在後面提及時，不必留心年月順序。

第一個階段（一八八七—一九二〇）以我和安瑪麗結婚並到德國去做結束，我稱之爲最初在維也納的時期。第二個階段（一九二〇—一九二七）我稱之爲「第一次浪跡天涯的年代」，因爲我曾去耶拿、斯圖加特（Stuttgart）、布勒斯勞（Breslau）工作，最後又去蘇黎世（一九二一年）。這個階段因我被召到柏林接替蒲朗克的工作而結束。一九二五年我待在阿羅沙（Arosa）期間，發現了波動力學（wave mechanics），而有關論文是一九二六年發表的。由於這項發現，我曾去已成功實行禁酒的北美洲①，做爲期兩個月的巡迴講學。第三個階段（一九二七—一九三三）是相當美好的時期，我稱之爲「我的教與學的階段」，這個階段因希特勒一九三三年上臺而告終。那個夏季學期結束時，我已忙著把行李物品運往瑞士，七月底，我離開柏林，到南提羅爾去度假。根據聖日耳曼條約，南提羅爾已屬義大利，所以我們仍可用德國護照去那兒，但是不能去奧地利。俾斯麥親王的「偉大的」繼承人用所謂的「鋼鐵封鎖線」（*Tausendmarksperre*），已經成功地封鎖了奧地利（例如，當我岳母過七十歲生日時，我的妻子不能回奧地利去看她，因政府當局不准她去）。夏天過後，我沒有回柏林，而是遞了辭呈，但是過了很久，我都沒有得到答覆，他們根本不承認收到過辭呈，尤其當他們獲悉我剛獲諾貝爾物理獎時②，更是斷然拒絕接受我的辭呈。

①美國曾於一九一九年正式通過全國禁酒令，一九三三年撤銷。——譯注

②薛丁格與狄拉克於一九三三年共同獲得諾貝爾物理獎。——審訂注

第四階段（一九三三—一九三九），我稱之爲「我又一次流浪的年代」。早在一九三三年春天，林德曼（F. A. Lindemann，後爲徹威爾勛爵，Lord Cherwell）就提供我在牛津「生活」的機會。那是他第一次訪問柏林時，我們偶爾提起，我對當時的局勢不滿意。他忠實地履行諾言，於是我和妻子便乘坐當時僅能搞到的小ＢＭＷ啓程。我們離開馬賽辛（Malcesine），途經柏加摩（Bergamo）、雷科（Lecco）、聖哥達（St. Gotthard）、蘇黎世、巴黎，到達布魯塞爾，索爾未會議（Solvay Congress）當時正在該地召開。我們從布魯塞爾又去了牛津，不過這段旅程我沒有和家人一道走。林德曼已採取了必要的步驟，使我成爲馬格達倫學院（Magdalen）的院侶，但是我主要是從英國帝國化學工業公司（ICI）領薪水。

一九三六年當愛丁堡大學和格拉茲大學同時聘請我任教時，我選擇了後者，這是極愚蠢的決定。這個選擇及其結果，都是絕無僅有的，不過我還算幸運。當然，一九三八年我多少也受到納粹的迫害，只是當時我已接受去都柏林大學任教的聘請。德瓦勒拉（de Valera）打算在該地建立高等研究所，他對自己的大學十分忠誠，所以如果一九三六年我去愛丁堡大學，德瓦勒拉也絕不允許他的老師，也就是愛丁堡大學的惠特克（E.T. Whittaker），提議我任職，實際上，他們委派了玻恩（Max Born）代替我任教。後來證明，去都柏林比去愛丁堡好一百倍，這不僅因爲愛丁堡大學的工作對我來說是沈重的負擔，也因爲整個二次大戰期間，如果待在英國，便是處於敵僑的地位，也會讓自己處於難堪的境地。

我們第二次「逃亡」，是從格拉茲啓程，取道羅馬、日內瓦、蘇黎世，到達牛津。我們在牛津的朋友，懷特海（Whitehead）一家留我們住了兩個月。這次我們只得把那輛「格勞林」（Grauling）小ＢＭＷ留在格拉茲，因爲車速太慢了，而且我也不再持有駕駛執照。都柏林研究所還沒正式成立，所以一九三八年十二月，我和妻子及希爾德（Hilde）、茹思（Ruth）去了比利時。最初，我以客座教授身分在根特（Ghent）大學講課（用德語！），這是「法蘭克研究班的基礎課」（fondation Franqui-Seminar）；後來，我們在海邊的拉潘（Lapanne）度過大約四個月。儘管我不喜歡水母，這仍是一段美好的時光，這同時也是我唯一一次碰巧看見海上磷光現象。一九三九年九月，第二次世界大戰的第一個月，我途經英國，到都柏林去。我們用的是德國護照，所以仍然算是英國敵國的僑民，但是顯然由於有德瓦勒拉的推薦信，我們被准許過境。或許，這次林德曼在幕後也起了一點作用，雖然一年前我們曾有過一次相當不愉快的會晤，但他畢竟是個正派的人。由於他是邱吉爾的朋友和物理問題方面的顧問，我深信，戰爭期間，他在保衛英國的工作中，一定起了寶貴的作用。

第五個階段（一九三九—一九五六），我稱之爲「我的長期流放時期」，不過完全沒有這個詞所隱含的痛苦涵義，因爲這是一段美好的時期。如果不到這兒來，我絕不會了解這個遙遠而美麗的島國。在納粹戰爭時期，我們到任何其他地方，都不可能不接觸那些幾乎是恥辱的問題。無論有沒有納粹，或有沒有發生第二次世界大戰，我都無法想像，我們能在格拉茲掙扎度過十七個年頭。有時，我和家人互相悄悄地說：「眞多虧有我們的『元首』。」

第六階段（一九五六—？）我要稱之爲「我在維也納的晚年階段」。早在一九四六年，我就已被聘請重回維也納大學任教，我將消息告訴德瓦勒拉時，他竭力勸我不要去，並指出中歐的政局尚未穩定，他在這方面的意見十分正確。不過，他在許多方面善意地關心我的同時，卻不關心我萬一發生不測，我的妻子將來怎麼辦。他只是告訴我，如果他發生類似的情況時，他也不知道他的妻子該怎麼辦。所以，我答覆維也納大學的人說，我很想回國，不過我想等事態恢復正常以後再回去。我告訴他們，因爲納粹的關係，我已兩次被迫中斷我的工作，而在別的地方重起爐灶，如果再被中斷第三次，肯定會將它徹底了結。

回顧以往，我明白自己的決定是對的。可鄰的奧地利已被洗劫一空，在當時是個難以謀生的地方。我曾給奧地利當局寫信，申請給我妻子養老金，作爲一種戰爭損失的賠償，雖然他們似乎很願意給予賠償，但是沒有成功。當時國家窮到（直到一九六〇年的今天，在這方面仍然很窮）連僅給少數人津貼都做不到。因此，我在都柏林又度過十年，這樣做證明對我十分有利。我用英語寫了不少短篇著作（由劍橋大學出版社出版），並且繼續進行「非對稱性」廣義引力理論的研究，不過這項研究似乎頗令人失望。

最後還算重要的事是，一九四八年和一九四九年，沃納先生成功地爲我動了兩次手術，摘除了兩眼的白內障。到了一九五六年，奧地利非常慷慨地恢復了我原來的職位，雖然像我這樣的年紀，還有兩年半就要退休了，但是，我還是收到了在維也納大學工作的新委任（編制外）。這一切多虧提林及教育部長德里邁爾（Drimmel）博士的幫助；同時，我的同事羅伯拉徹爾（Robracher）成功地推動有關榮譽教授地位的新法規，我因而得到榮譽教授的職位。

按年月順序的概述就到此為止，希望能補充各個時期一些不會太令人生厭的想法或細節。我必須避免對我的生平作全面性的描述，因為我不擅長講故事。此外，我不得不略去生平中一部分豐富的內容，也就是我與女性關係的那部分。首先，那些內容無疑地會招來流言蜚語；其次，那些內容對別人幾乎沒有什麼意義；還有蠻重要的一點就是，我相信任何人在這些問題上，不可能也不能講眞話。

這個簡歷是今年年初寫的，現在偶爾看一遍，尙覺樂在其中。不過，我已決定不再繼續寫下去，因爲我的人生不會再有什麼新鮮事了。

薛丁格，寫於一九六〇年十一月

生命是什麼？　本書原來只是一系列通俗科學演講的結集，沒想到這本爲非專家所寫的書，最後卻成爲發現DNA結構，並導致分子生物學誕生的關鍵著作。西元二〇〇〇年我們慶祝破解人類基因組的密碼，追本溯源，薛丁格這本《生命是什麼？》實在具有舉足輕重的地位。

作者　薛丁格（Erwin Schrödinger），奧地利物理學家，一八八七年生於維也納。以研究量子理論聞名，並以著名的波動方程開創了波動力學，因而獲得一九三三年諾貝爾物理學獎。於一九六一年卒於維也納。

譯者　仇萬煜，一九三二年生。一九五五年大學英語專業畢業，從事翻譯工作多年。

左蘭芬，一九三五年生。一九五七年畢業於北京大學西語系英語專業，從事英語教學和翻譯工作多年。

兩人合譯有《新機器的靈魂》、《貓》等。

審訂者　李精益，台灣大學物理學士，清華大學物理碩士，美國德州奧斯汀大學（UT-Austin）物理博士。經數年「遯世无悶，不見是而无悶，樂則行之，憂則違之，確乎其不可拔」的潛龍階段後，現爲文藻外語大學副教授。目前教學研究興趣在於：結合科學史與科技新知，在通識課程中宣揚「科學與技術乃文明關鍵組成部分及首要演進動力」此一理念。此外積極參與出版事業，期能提升台灣全民科學素養。

薛丁格生命物理學講義：生命是什麼？
（初版書名：生命是什麼？）

作　　者　薛丁格
譯　　者　仇萬煜、左蘭芬
校　　訂　李精益
審定顧問　王道還、高涌泉
責任編輯　周宏瑋、王正緯（四版）
編輯協力　徐慶雯、劉藍玉、黃梅君
版面構成　謝宜欣、張靜怡
封面設計　劉哲綱
行銷統籌　張瑞芳
行銷專員　段人涵
出版協力　劉衿妤
總 編 輯　謝宜英
出 版 者　貓頭鷹出版 OWL PUBLISHING HOUSE
事業群總經理　謝至平
發 行 人　何飛鵬
發　　行　英屬蓋曼群島商家庭傳媒股份有限公司城邦分公司
115 台北市南港區昆陽街 16 號 8 樓
劃撥帳號：19863813；戶名：書虫股份有限公司
城邦讀書花園：www.cite.com.tw　購書服務信箱：service@readingclub.com.tw
購書服務專線：02-2500-7718~9（週一至週五 09:30-12:30；13:30-18:00）
24 小時傳真專線：02-2500-1990~1
香港發行所　城邦（香港）出版集團／電話：852-2508-6231 ／ hkcite@biznetvigator.com
馬新發行所　城邦（馬新）出版集團／電話：603-9056-3833 ／傳真：603-9057-6622
印 製 廠　成陽印刷股份有限公司
初　　版　2000 年 12 月／二版 2005 年 4 月／三版 2016 年 4 月／四版二刷 2024 年 6 月
定　　價　新台幣 360 元／港幣 120 元（紙本書）
新台幣 252 元（電子書）
I S B N　978-986-262-582-8（紙本平裝）／ 978-986-262-591-0（電子書 EPUB）

讀者意見信箱　owl@cph.com.tw
投稿信箱　owl.book@gmail.com
貓頭鷹臉書　facebook.com/owlpublishing

國家圖書館出版品預行編目資料

薛丁格生命物理學講義：生命是什麼？／薛丁格著；仇萬煜，左蘭芬譯 . -- 四版 . -- 臺北市：貓頭鷹出版：英屬蓋曼群島商家庭傳媒股份有限公司城邦分公司發行, 2022.11
面；　公分 .
譯自：What is life? with mind and matter and autobiographic sketches
ISBN 978-986-262-582-8（平裝）

1. CST：生命科學　2. CST：生命論

360　　111015135

本書採用品質穩定的紙張與無毒環保油墨印刷，以利讀者閱讀與典藏。